おしゃれな人が手放せない、おしゃれじゃないもの

主婦と生活社

はじめに

世の中には、〝素敵な道具〟がなんとたくさんあることでしょうか。

デザイン性を重視したもの、作家による手作り、職人が伝統の技を駆使して作る品……。それは見た目に美しく、使うこともうれしく、インテリアやテーブルコーディネートを理想的な姿に近づけてもくれます。だから私たちは、おしゃれな暮らしを送っている方たちがセレクトしている道具を知りたいし、できることならわが家にも欲しいと考えます。

でも、普段の暮らしって、そういう品だけで成り立つでしょうか？

無理ですよね。

日々のリアルな生活を支えているのは、もっと雑多な、決しておしゃれじゃない、けれども確実に役に立つ品々であるはず。見た目のかっこいい品は、実際は家事や仕事で使いこなすのに慣れが必要だったり、使用後のケアに手間がかかったり、ということもままあります。

私自身、道具の持つ歴史やストーリー、作り手の思いなどにひかれて買ったはいいけれど、日常にはうまく生かせないまま棚の奥へ、なんていう品は数多く（反省）。毎日活躍するのは結局、決して〝素敵〟ではない、いつもの道具です。

では、素敵なライフスタイルで知られ、ものを見定める目の肥えた方たちは、日常ではどんな道具を使うのでしょう。この本は、そんな疑問から生まれました。

おしゃれで素敵なものを充分に知り、日々に生かしている方たちが、実は手放せないと考えている〝おしゃれじゃないもの〟。おそらく、これまであえて人に見せることもなかったけれども、本当に役に立っている日用のもの。

それを使い続けるには確かな理由もあるに違いありません。

8人の方をお訪ねし、そんな道具の数々とともに、なぜその品を選び、使い続けるのかをおうかがいしました。おしゃれな暮らし方で知られる方々が、毎日、本当に役立つと感じているものは何だろう？

品物をご紹介するだけの本ではありません。もの選びの背景には、8人それぞれの人生の中で培《つちか》ってきた生き方や考え方があります。だからこそ、愛用する道具の数々は、その人の日々のあり方を語ってくれるのでは……？

教えていただいたよい道具は、私自身もぜひ取り入れてみたいのはもちろんです。

この本を開いてくださったあなたも、ぜひ！

秋川ゆか（取材／文）

目次

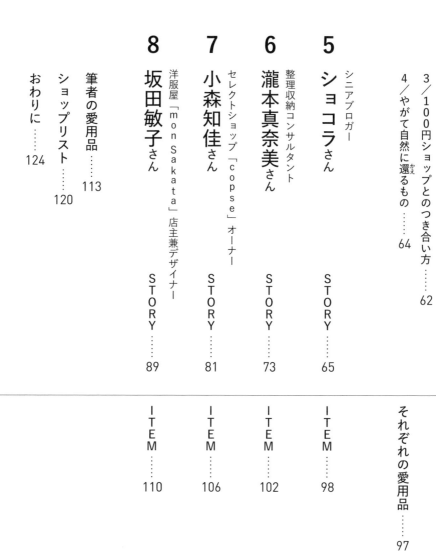

本書の使い方

まず最初に、8人の方それぞれの「もの」への思いに触れてください。
そのあと、具体的にその「もの」についての解説を読み、
興味をもたれましたら、ショップリストのページへ――。

①

8人のおしゃれな人のご紹介

☑ STORY　□ ITEM

↓

②

「それぞれの愛用品」に写真を掲載

□ STORY　☑ ITEM

本書記事中の価格表示は、2021年10月現在の税込み価格です。
変更される場合がありますので、ご了承ください。

↓

③

p.120のショップリストで
取扱店をチェック

1

☑ STORY　□ ITEM

編集／ライター

一田憲子さん

ITEM → p.40 ～

PROFILE

女性誌や単行本の執筆などで活躍。『暮らしのおへそ』『大人になったら着たい服』（ともに主婦と生活社刊）では企画から編集、執筆までを手がけ、著名人から一般人まで、幅広く取材を行っているほか、暮らしにまつわる著書も多数。Webマガジン「外の音、内の香（そとのね、うちのか）」https://ichidanoriko.comを主宰。

一田憲子さんの住まいは、築55年あまりの古い平屋です。住宅地の路地の奥に立つ家は、ここだけ別の時間が流れているかのような静かな佇《たたず》まい。暮らしはじめて16年になります。

「20代から暮らしまわりのライターをしてきて、古い家で美しく暮らしている方たちを見ているうち、そういう風情のある住まいに憧れるようになりました。それで時間をかけて探して。ここは結局、普通の賃貸情報で見つけたんですよ」

一田さんは自らを〝真似しんぼ〟なのだと言います。

仕事を通して出会った人たちの美しく生活するアイデア、料理やインテリアのヒントなど、見聞きすればすぐに真似してみたくなるのは昔から。それだけ魅力的な人々に触れてきたということなのでしょう。けれど、自分にはどうにも続けられなかったことは多々。

「基本的にズボラでめんどくさがりなんです」

今の綺麗《きれい》に整った室内からは想像もつかないことですが、がむしゃらに働いていた30代の頃は、家の中は荒れ放題。衣類や仕事道具は部屋中に散乱し、好きで買った器やアンティークも梱包を解くことなく放置され……。ていねいな暮らし方など、真似しようにもできないままの自分にくよくよと落ち込むことも多かったとか。しかし、そうした日々を経て、やがて一田さんは覚醒します。できないことはできなくていいのだ、と。

「いくら憧れても、無理なことやできないことは誰しもたくさんあります。だったらいったんは真似してみて、駄目だったらさっさとあきらめるか、私にできるやり方に変えていけばいいんだと気づいたんです」

何度も失敗を重ねて行き着いたのが現在の暮らし方。日々使う道具も、長い間のさまざまな経験の中で残ってきたものです。

「美しさやかっこよさよりも、毎日、つらさを感じることなくラクに暮らせるようなもの。そういう道具がありがたく思える歳になったんでしょうね」

仕事を通して不可欠になったものたち

フリーランスの編集・ライターとして、多忙であることは今も変わりません。取材では各地に出向き、構成・執筆などの作業は自宅。ではまず、一田さんが長年愛用する仕事道具から教えてもらいましょう。

●「無印良品」A5ダブルリングノート（→p.41）

愛用のノートはA5サイズでバッグに入れやすい大きさです。インタビューは録音しますが、ポイントをメモするノートは必須。表紙と裏表紙が厚いので、立ったまま書く際も安定します。15年以上使ってきて、ある時、棚に並ぶノートを見たら千冊を超えていたとか。

「さすがに場所を取るので、まとめて記念写真を撮ってから捨てちゃいました」

そして今、棚にはまた、どんどん溜《た》まっていくノート。仕事柄、致し方ないところ……。

●「PILOT」ボールペン スーパーグリップG 1.2㎜（↓p.41）

以前使っていたものが廃番になって、やっと見つけたのがこれでした。

「私は筆圧が高いので、太さが1.2㎜や1.5㎜の油性ボールペンがいいんです」

筆記具との相性は人それぞれですが、試させていただくとなるほどラク。極太なので書き味が柔らかく、するする滑っていく感覚といいましょうか。そのぶんインクの減りが早いのも確かで、10本入りを箱買いしても、1年ほどで使いきるそうです。

●A4クリアファイル（↓p.41）

たくさん使うので、100枚パックで取り寄せています。これは仕事にしか使わない品。進行中の仕事の資料・レイアウト・原稿で分けて入れ、上端にラベルをつけておき、終わったら中身の紙類だけを廃棄します。

「この方式なら場所を取らないし、今必要な書類がひと目でわかります」

企画書などを出版社に郵送する時は新品の綺麗なものを使用。100枚もあれば、惜しむことなくばんばん使えるでしょう。多くの書類を扱う仕事をしているのでなければ、あまり必要のないものと思えるかもしれません。けれどクリアファイルは普段の生活にも間違いなく便利です。新聞や雑誌の切り抜きを仕分けたり、請求書や気になったチラシを保管したり。どこの100円ショップでも数枚入りで取り扱っているはずです。

●インデックスラベルとふせん（↓p.41）

クリアファイルにつけるラベルと、書類や荷物などを送る時に添えるふせんです。二つ折りで貼るインデックスラベルは「ポスト・イット®」のもの。ポリエステルフィルムなので紙製より丈夫で、棚やバッグから幾度となく出し入れしてもくたくたになりません。また、黒ヤギさんと白ヤギさんの絵がついた「ひみつ付せん」は、文字を書いた部分を折りたたんで貼るもの。銀座の大型文具店で見つけ、今は「アマゾン」で取り寄せています。

一筆箋《せん》ではスペースが多くて時候の挨拶《あいさつ》などあれこれ書くのに頭を悩ませますし、小さな無地のふせんではあまりにそっけない……。そんな時、こうした愛らしいデザインのものを活用すれば、ほんのひと言書き込むだけで愛嬌《あいきょう》が。受け取った人もきっと心が和みます。

試し、使うなかで〝これこそ〟がわかる

続いてすっきりと片づいた住まいを維持していくために行き着いた道具は？　誰もが悩むキッチンやクローゼットでは……。

●ガラスの調味料入れ（↓p.43）

醤油《しょうゆ》、みりん、酒は、しっかり蓋《ふた》ができて注ぎやすく、かつ容量の多いガラス容器に入れ

替えて、シンク前の窓辺に置いてあります。買った瓶から入れ替えるのはなぜ？

「大きい瓶をカウンター下からいちいち出すのがめんどくさいから。でも２００㎖程度の容量だとしじゅう入れ替えるのもめんどうなんですよね。これは５００㎖入るので毎日使っていてもそう簡単にはなくならなくて頼もしいです」

けれども小分けした容器をキッチンまわりに置いていると、すぐに油や埃《ほこり》で汚れていくのは誰もが経験していること。だから大事なのが、どんな素材を選ぶかだと一田さんは言います。

「ガラスならお湯で洗えば綺麗に復活できます。忙しくて掃除もできない日が続き、どんなにすごいことになっても大丈夫。私、キッチンはいかに元の状態に復活できるかがポイントだと思っているんです」

横には四角いガラス容器も。中に入れているのはコーヒーフィルターとだし昆布、鰹節《かつお》。よく使うものは目の前に、の法則です。

●ステンレスのキッチンポット（↓p.42）

昔は、塩や砂糖は見た目が可愛いプラスチックキャニスターに入れていた一田さんですが、「これも使っていくと、すぐ汚れてしまうでしょう？　ステンレスもガラス同様、どんなに汚れても復活できる素材です」。

だから今は、業務用のステンレス製のキッチンポットを採用。町の気軽な食堂で福神漬やラー油などが入っているアレです。ほかのスパイス類などとともにステンレストレイに載せておくのも、意外と大きな意味を持つ知恵。トレイごと移動すれば掃除が手早くすみます。

●アルミの角形バット（➔p.43）

こちらも料理する時の必需品。刻んだ野菜や肉をとりあえず入れておいたり、粉や衣をまぶしたり。バットといえばある程度のサイズがあるほうが便利だと感じがちですし、そこまで必要のない時には小さなボウルやザルを使う人も多そうですが、一田さんの愛用は、縦22×16㎝、深さ3㎝の小ぶりサイズ。収納にも場所を取りません。

「これくらいのサイズで充分。それに四角いと角度を変えれば重ねられるんですよね。だから調理中もわずかなスペースですみます。4枚持っていますが、本当によく活躍しています」

意外なほどの小ささですが、パートナーとの2人暮らしだと、それでだいたいの料理は事足ります。大きなバットは邪魔なだけ……。大は小を兼ねるとは言いきれません。

●キッチンスポンジ（➔p.42）

スポンジは毎日使うもの。どんなスポンジを選ぶかは、どんな人生を歩むかのバロメーターになる――。一田さんのそんな言葉に、どういうことなのかと聞いてみると、

「いろんな方のスポンジ選びも見てきました。その中で環境への配慮としてはセルロースがいいと学んで実際使ってもいますが、私は乾きにくいのが気になって」。

ああ、そうかも。筆者の場合は黄色いセルローススポンジのあのぐにゃぐにゃした質感がなんとなく苦手です。一田さんの好みは、泡立ちがよくて持ちやすく、水きれのいいスポン

ジ。そうして決定したのが目の粗い「パックスナチュロン」と「マーナ」のものだったといいます。スキッと乾いて潔い。そういう人生もかっこよさそうです。ちなみに筆者は100円ショップのスポンジをどしどし使い倒す派ですが、その意味は果たして……？

●起毛素材の薄型ハンガー （↓p.41）

一田さんが押入れ活用クローゼットの大改革に取り組んだのは比較的最近の話です。収納のプロに教わって取り入れたのが、厚さわずか5㎜の薄〜いハンガー。表面が起毛素材なので、シルクやニットなどの滑りやすい素材の服もずり落ちません。

「厚いコート類以外、シャツもセーターも箪笥《たんす》は使わず、全シーズンのものを1間の押入れ上段でハンガーに掛けています。以前と同じ枚数を入れてもかなりの余裕ができました」

今の手持ちは100本くらい。つまりは100枚もの服が押入れ上段に⁉　好きな服は減らさずとも、ハンガーの選び方次第でクローゼットはすっきりさせられるということです。

ズボラでめんどくさがりな自分がどうやったら理想の暮らしを保てるかに悩んできた中、到達したのがこれらの手放せない道具類。そこには憧れを自分なりに消化することで定着できたものも、自らの経験を通して選び続けたものもあります。これからも仕事で多くの〝素敵な暮らし方〟に出会うたび、真似をし、自分の生活に合うかどうかをジャッジする。その行動は今、一田さんの生活の一部としてしみ通っているのでした。

2

☑ STORY　☐ ITEM

北欧ソト料理家

寒川せつこさん

ITEM → p.44 ～

PROFILE

北欧アウトドア料理家、アウトドアブランド輸入商社UPIアドバイザー。スカンジナビアの雄大な自然と人々との繋《つな》がりをベースに、その文化やアウトドアの楽しみをワークショップなどを通して発信する。レシピ提供したメディアは、「NHK 趣味どき！」、「メスティンレシピ」、「ソトレシピ」など多数。
https://upioutdoor.com

近年、キャンプやハイキングなどのアウトドアレジャーがかなりのブームを呼んでいます。コロナ禍以降、他人と距離を取っての外遊びなら安全よね？　という状況は当分続いていきそう。その前からソロキャンプも流行《はや》りはじめていました。みんな、いろいろ疲れているのかしらん。自然に包まれてゆったりと憩いたいと感じているのかも。

けれど自然は、決して人間にやさしいものではありません。近年は大規模な水害や土砂崩れなどが大きな被害をもたらしていますし、平穏な時であっても山や川べり、森や海で楽しく過ごすには、さまざまな危機を予測した備えが必要です。

そこで寒川せつこさん。アウトドア料理家であるとともに、夫のハジメさんと一緒に長年、鎌倉・京都・表参道に直営店を持つアウトドアブランド輸入商社「ＵＰＩ」のアドバイザーを務めています。２人の視点の素晴らしいのは、普段の暮らしとアウトドアの楽しみ、さらに防災を結びつけているということです。

そう。最近でこそいくらか着目されてきましたが、キャンプに有能なものは、災害時にも確実に役立ちます。自宅が停電した時に火を焚《た》いたり灯《あか》りをつけたりはもちろんですし、避難所でも、テントを張ればプライバシーを保てたり、屋外で快適な寝床を確保できたり。そしてそんな品々は、自宅でのいつもの暮らしにも活躍するのです。

寒川さんがアウトドアの面白さを知ったのは20代なかば過ぎの頃。１９８０年代末からのキャンプブームの時期です。友人に誘われたキャンプ会に参加してみると、経験のない女の子はお姫様扱い。手慣れた男の子たちが全部やってくれて、快適そのものです。

「自分では何もしなかったですねぇ。とにかく楽しかっただけ」

そこで買い出しや料理などを率先してやっていたのがハジメさんでした。幾度もみんなでキャンプをする中で、北欧が好きという共通点もあって親しくなり、やがて夫婦に。その後は一緒に〝焚火カフェ〟やハンモック店などを営みながら、道具を通してアウトドアの楽しみを伝えてきた2人ですが、その意識を大きく変えたのは２０１１年、東日本大震災でした。

「市販の防災関連用品をあれこれ選んで用意するよりも、私たちが普段楽しみながら使ってきたものこそ役立てられるのではないかと」

そして2人は〝防災キャンプ〟という方向性を生み出します。平時は自宅やアウトドアで便利に使うものも、災害時にいかに活用できるかを考慮して選ぼうという考え方です。

キッチンで使い、外でも使うもの

そんな寒川さんですから、住まいで身近な道具にもすべて、家を離れた時にどう使えるかという視点があります。まずはキッチン用具から見ていきましょう。たとえばトング。

●長さ18㎝のステンレスのトング（➔p.46）

自宅キッチンで使っているほか、アウトドアにも必ず持っていきます。さまざまなトングを試してきた中で、これにたどり着いた理由は？

「接合部がヒンジになっているタイプは開きすぎて持ちにくい。これは金属を曲げてあるだけなので手の感覚がそのまま伝わり、柔らかさも絶妙。18㎝という長さもちょうどいいんですよね。外で直火《じかび》に近い距離で使うなら手袋をしますし」

食材を炒めるのも混ぜるのにも使います。鍋をつまんで持ち上げたり、箸代わりとして直接食べ物を口に運ぶことも。先端は雲型形状なので食材を傷つけることも少ないとか。

●アルミのうどんすき鍋（→p.47）

16年ほど前にたまたまホームセンターで見つけて買った鍋。今回調べてみるまで、うどんすき用だったとは知らなかった寒川さんですが、そもそもの用途など関係なし。いかに幅広く使えるかのほうが大事です。この鍋なら取っ手がないので場所を取らないし、軽く丈夫で持ち運びやすく、大勢で囲むにもよい形状。だから、

「野菜や肉をバランスよく摂《と》れる鍋物はわが家でもアウトドアでもしじゅう。これを買ってから、重い土鍋を使うのはやめました。サラダなどを盛ってもいいし、外では洗いおけや洗面器代わりにもできます」。

●「モーラナイフ」フィッシングコンフォートフィレット（→p.44）

スウェーデンで130年の伝統を持つ「モーラナイフ」の品。これは釣り用として、魚を

さばきやすいように刃が薄く作られています。しっかりとしたケース付きなので、外で身につけていても安全。９㎝の刃渡りもほどよく、ペティナイフのように普段使いできます。

「家では包丁より出番が多いですね。手に近い大きさなので本当に使いやすくて」

●フルーツバスケット（↓p.46）

竹でできたリンゴの形のバスケット。テーブルに置いて果物やお菓子などを入れているのですが、これの素晴らしいのはなんと、平らにたためるということ。

「立てても平らにしてもリンゴ形。この発想には、見れば見るほど感心させられます」

アウトドアでハードなギアに囲まれている中でも、これがあればちょっとほほえましい雰囲気に。たためば鍋敷きになるという多機能さもうれしいところ。

●「ボンマック」コーヒーサーバー（↓p.47）

本来はコーヒーを保温しておいて1杯ずつ注ぐための業務用品。けれど寒川家では15年ほど前から魔法瓶として使っているそうです。キッチンの定位置で熱い湯を入れておき、お茶やコーヒー、カップスープなどにフル活用するほか、夏には冷たい麦茶などを保冷することもあります。2.5ℓの大容量も頼もしい。

「やはり業務用はよくできていますね。電源不要で、朝に沸かした温度が一日中もちます」

もちろんアウトドアでも活躍します。人が大勢いても、各自のカップさえあれば好きなように注いでもらえるし、災害時も強力な保温力が役立ちます。

生き延びるためのものを選ぶ

アウトドアグッズの日常活用はまだまだあります。北欧やアメリカのアウトドアメーカーをしばしば訪ね、厳しい自然環境でも楽しめて本当に役立つものから選んできた品とは。

●「グランドトランク」トランクテック シングルハンモック（↓p.47）

まずお伝えすべきは、寒川家の寝室にはベッドも布団もないという事実です。これには驚きました。部屋に下がっているのは夫婦それぞれのハンモック。

「宙に浮いているから蒸れないし開放的。しっかり包み込まれる感じで寝心地いいんです」

初心者も使いやすくて防災的にもよいのが「グランドトランク」のものです。通気性や速乾性に優れて軽く、端に縫いつけられた袋に収納すれば、とても小さくなります。樹木などに巻いたロープに付属のカラビナをジョイントするだけの簡単セットで遊び道具に。

「素材に強度があるので災害時は担架代わりになるし、ブランケットやシーツとしても」

寝転んでみると、生地幅が広くて思いのほか快適。これは防災用品に入れておきたい！

●「シアトルスポーツ」ソフトクーラー（↓p.45）

いわゆる保冷バッグなのですが、性能の高さが素晴らしい。クーラーボックスと違って折りたためることと圧倒的に軽いこともポイントです。各種サイズを使い分け、スーパーに行く時はエコバッグ代わりにし、列車や飛行機での旅にも持っていきます。

「ソフトクーラーは多くのメーカーが実力を競っています。いろいろ見て選ぶといいかも」

もしも冷蔵庫が使えない状況になっても、これがあれば当面はしのげそうです。

●「ウールパワー」の衣類（↓p.47）

スウェーデンで、登山やアウトドアだけでなく、軍や消防といった屋外で作業する人たちにも絶大に信頼されるメーカーが「ウールパワー」。肌着のほか、各種衣類をそろえています。

「化繊の防寒肌着は暖かくても、汗をかいた状態で動かなくなると冷えます。冬山などで休憩中に体が冷えると、下手をしたら命に関わることもありますから」

それは怖い……。でも、そこまでの過酷さのない我々の生活にどう役立つのでしょう。

「汗をすぐ放出するうえ、避難所泊などで数日着続けても臭いません。洗って風に当てれば1時間ほどで乾きます。軽く柔らかな着心地で、年配の方に贈っても喜ばれます」

靴下やスパッツなどを含め、秋から春まで毎日身につけている寒川さん。夏場も、冷えそうな環境やエアコンの効いた室内では半袖の肌着に助けられているそうです。

●「ソーヤー」ポータブル浄水器 ミニSP128（↓p.46）

有害菌を99％以上除去する浄水器。付属の折りたたみ水筒や市販のペットボトルにも装着できます。自然災害が急増する中、被災地では清潔な水の確保は常に大きな課題。

「だから、これでなくても何かしらの持ち運べる浄水器は持っていたほうがいいですね」

この製品のよさは、とにかく高性能でコンパクトなこと。ポケットにも入るサイズで、お風呂の残り湯や池の水でも安心して飲んだり傷を洗ったりできる清浄水に。アウトドアでの料理や飲み物用に安全な水を確保したい時に活用し、平常時から使い慣れておきたい！

●「TOYOTA」プロボックスF 1.5ℓ ハイブリット（↓p.45）

最後のおすすめは日々使っている車です。ですが、車って道具といえるのか？

紹介してくれたのは業務用のワゴン車。キャンプ道具や薪《まき》など多くの荷物がしっかり積めて出し入れしやすく、燃費はよく、運転席周辺も機能的。複数のドリンクホルダーの中には1ℓの紙パック飲料がセットできるものもあり、ノートパソコンを置ける引き出し棚も。

「車内で長時間過ごすための機能と気配り設計でとても秀逸です。車は災害時のシェルターになるもの。何日もそこで生活することを考えると、業務用車の可能性は大きいですね」

そういうことなのか――。車に対するこの考え方には、目から鱗《うろこ》が落ちるばかり。

私たちはきっといつも目をそらしています。今の日常が災害や事故によってふいに崩れるかもしれないということを。たまに防災用品などを買ってみても、いざという時にちゃんと使えないと困るのはあきらかなことです。自宅やアウトドアで慣れ親しんでいる道具ならおそらく、非常時にもすんなりと使えて、生き延びる力になるでしょう。そんな事態が起きないことを強く願いつつ、楽しみながら備える大切さを心に刻む訪問でした。

3

☑ STORY　☐ ITEM

布作家

早川ユミさん

ITEM → p.48 ～

PROFILE

手紡ぎ・手織り布、天然素材で染めた伝統的な布で衣服を作り、各地で展覧会を開く。高知の山で小さな自給自足の暮らしを営み、布を探しアジアを旅する。夫は陶芸家の小野哲平さん。『種まきびとのものつくり』（アノニマ・スタジオ刊）など著書多数。12月には『種まきびとのちくちくしごと』（農山漁村文化協会刊）も。http://www.une-une.com/

高知市の中心部から車で約1時間、豊かな川の流れを眼下にしながら、山を巻いてうねうねと進む道は、対向車が来たらすれ違えないよね？という狭さです。

やがて斜面に集落が開けた場所にいたり、田んぼや畑の間を上がった先が目的地。早川さんはここで日々、縫い物をし、畑の野菜や果樹を育て、伝統種の鶏や日本ミツバチの世話をし、夫である陶芸家の小野哲平さんの薪窯《まき》焚《た》きを手伝ったりもして暮らしています。3年前からは米作りも始めたそうです。それぞれのお弟子さんや料理手伝いの人、陶芸の道に進んだ息子さんも通い、昼間はけっこうな大所帯。みんなの昼食作りの差配も日々の役割です。

到着すると間もなく、お昼ごはんの時間になりました。木の床に布を敷き、大皿に盛った料理を並べて、みんなで取り分けながら食べるこの雰囲気は、なんだか遊牧民やアジアで出会った小さな村の人々の暮らしを思わせるような。

それは、早川さんの歩んできた道を思えば当然のあり方かもしれません。若い頃は、資本主義社会に疑問を呈するカウンターカルチャーの動きも盛んだった時代。そうした人々に出会う中、この地球の上で生きることの確かさを知ろうと、アジア各地の農村や山岳部を旅し、人々の暮らしに触れてきたそうです。小野さんと愛知県常滑市に住んでからは、子育てをしつつ畑を耕したり家族の服を縫ったり。やがて展覧会で作品を発表しはじめるとともに、アジア子連れ旅も続けてきました。

「行く先々で見る少数民族の衣服に常に刺激されてきました。伝統的な布も見つけるたびに買ってきます。息子たちが大きくなると、ザックいっぱいに詰めて担がせたりしましたねぇ」

高知の山に移住したのは40代に入った1998年。ここもまた地域の伝統を次代へと大切につなごうとする人々が暮らす〝アジアの集落〟のひとつでした。そうして紡ぎあげてきた今の生活。地に足をつけた暮らしの心地よさは、きっと、訪ねる誰しもに伝わります。

出会って以来、手放せない仕事道具

愛着道具は、そうした暮らしぶりをそのまま反映するものばかりです。縫い物仕事に長年使う道具からお聞きしましょう。

●「DMC」刺しゅう糸 （↓p.48）

早川さんの布作品の魅力のひとつは、要所要所にちくちくと入れた、手仕事を感じさせる並み縫いステッチ。それに使うのが、フランスの老舗手芸糸メーカー「ＤＭＣ」の糸です。

「国産のものよりも発色がよく、すべすべしていて気持ちいいんです」

日本では太いものを扱っていないのが悩み。いつもはタイの大型店で太い「3番」をどっさり買ってくるそうですが、海外に行けない間に足りなくなると、国内でも買える「5番」を2本取りで使います。刺しゅう針は「ルシアン」のもの。厚い布に刺して引き抜く時はペンチなども使い、けっこうな力仕事なのだとか。

●**「クロバー」 まち針**（↓p.49）

頭部分が小さくてミシン仕事でうっかり破壊することが少ないうえ、アイロンにも強い耐熱ガラス製。針も細く、布通りがよいのも気に入っている点です。

「ただ、頭の色が赤と白半分ずつなのですよね。全部が赤だったらもっとうれしいのに」そう。早川さんは赤がいちばん好きな色。赤はこの先も幾度も登場します。

●**「タジカ」 ハサミ**（↓p.49）

4代に渡ってプロ用のハサミを手作りするメーカーが、一般向けに出しているシリーズ。

「最初は日本のギャラリーで見て、その後にニューヨークでも見かけて、ああ欲しいなぁと。12年ほど前についに買ってみたら切れ味はいいし軽いしで、もうこれなしでは……」

研ぎなどのメンテナンスも頼めます。戻ってくればまた新品同様のシャープさに。

「使い加減がやさしいというか、使うたびに手が喜ぶような感じがするんですよね」

●**「三菱鉛筆」 油性ダーマトグラフ**（↓p.49）

一般にはあまりなじみのない筆記具かもしれません。粘着性のある太い芯を紙で厚く巻いてあります。ガラスや金属、プラスチックなどにも書け、昔はカメラマンや編集者もしじゅう使っていました。早川さんが知ったのも著書の編集担当者から。

「400冊の本を前に、これでサインして、と渡されたんです。そしたら柔らかくてたくさん書いても疲れない。今は12本入りで買っています。昔っぽい箱のデザインも可愛いの」

芯がちびたら軸の糸で紙に切れ目を入れ、クルクルはがすだけ。鉛筆削りも不要です。筆者も子どもの頃にたまたまこれをもらった時は、書くよりも紙をはがすのが楽しかったなぁとしみじみ。色はさまざまそろっていますが、早川さんが買うのは当然ながら赤です。

●アルミピンチ（↓p.49）

昔ながらの日常道具を扱う「松野屋」から買うピンチを洗濯バサミに。洗濯が大好きという早川さんは、旅先の海外でもまずは洗濯バサミを買い、家族の服を洗って干します。

「合成洗剤の使用を避けたいので、洗濯屋さんに出すことはしません」

インドやタイの品はもろくて、すぐ壊れてしまいますが、日本製のこれは丈夫。書類や雑誌の切り抜きなどをまとめるのにも重宝しているとか。それ、わかります。こうしたシンプルなピンチは、よいクリップと考えていい。わが家ではキッチンなどで活用しています。

体や環境の循環とともにある生活道具

次は料理などの家事や畑仕事などで使い続けている道具です。

●「カムカム鍋」（↓p.50）

早川さん宅でのご飯は玄米中心。おいしく炊くには圧力鍋と「カムカム鍋」を使います。

はて、「カムカム鍋」とは？

「圧力鍋の中に入れて使う陶器の内鍋なんです。知人に教えてもらって以来、もう30年近く使っていますね」

サイズの合う「ヘイワ」の圧力鍋に水を張り、玄米と水を入れた「カムカム鍋」をセットして火にかけたら約50分。遠赤外線効果でふっくらと炊け、焦げつく心配もありません。煎《い》り豆を入れた炊き込みご飯も、この家に集まるみんなの大好物です。

●ほうろうの壺（↓p.50）

カラフルな花柄が可愛いこれ、実は中国やタイなどで使われる痰壺《たんつぼ》兼尿壺です。かつては安宿に泊まると部屋の隅に必ず置いてあったのだとか。

「あんまり愛らしいんで、うちではアジアン雑貨の店で買って生ごみ入れにしています」

キッチンに置き、溜《た》まったら外の堆肥《たいひ》積み場へ。発酵した堆肥は畑の土を肥やします。

ところで後日、調べてみると、カナダの某サイトでは〝伝統的フルーツ入れ〟として販売され、バゲット入れやシャンパンクーラーなどにも向く、という内容に中国人大爆笑との記事が。まぁ、新品ならどう使ってもよいのですけれど。

●サワラの湯おけ（↓p.50）

この家のお風呂は高知のサワラ材で作りました。木に包まれている感覚がとても気持ちよく、最近では本を手に1時間くらい半身浴するのが習慣になっています。

そんな空間にプラスチックの洗面器が似合わないのは自明のこと。選ぶのはサワラ材の湯おけです。サワラは木目が緻密でも軽く、適度な油分を含んでいるため水きれもよいそう。晴れた日はスノコと一緒に日に当てます。黒ずみが気になるほど使い込んだら、全体に柿渋《かきしぶ》を塗って、こげ茶色の湯おけとしてリニューアルします。

●「せんねん灸オフ」（↓p.50）
「本当に効きます。膝を傷めて困っていた時も、3カ月ほど使って治せました」と強力に推すのは、火をつけて肌に貼るお灸。数十年にわたる常備品です。ツボに貼り、消えるまで約5分。試させてもらうと、じんわりとした温かさがしみこみ、なるほど気持ちいい。

ただし、お勧めいただいたのは熱さが穏やかな「ソフトきゅう」。初心者向けの品です。効きのレベルというか熱さには5段階あり、陶芸で体を酷使する小野さんは最強の「にんにくきゅう」を使っているそうですが、「あれは熱いですよ～。私には無理」と早川さん。買う時はあまり大胆な行動に出ないよう、ぜひともお気をつけられますよう。

●「金星」新型鋸鎌《のこぎり》（↓p.51）
〝キンボシ〟と読みます。明治時代から、鎌《かま》や斧《おの》などを手作りしているメーカーです。

「自然農をしている人のユーチューブで知り、試しに買ってみたらすごく便利。草刈りや収穫のほか、種まき用に土の表面を掻《か》いたり穴を開けたり、これだけで何でもできます」

お弟子さんも含め、今では1人1丁ずつ持ち、手入れしながら大切に使っています。

●麻ひもネット（↓p.51）

これも畑で使うもの。支柱にセットして、キュウリやゴーヤ、エンドウ豆、地域伝統種の茶豆などのツルを這《は》わせます。一般には緑色や白のプラスチック製が多いですが、プラスチックごみはできる限り減らしたいところ。これは麻製なので、春から秋まで使った後は土に埋めておけば自然分解します。麻の穏やかな色は山里の景色にもよく似合います。

●「日本野鳥の会」バードウォッチング長靴（↓p.51）

稲作のスタート以来、田植えや除草に農業用の〝田靴〟を使っていた早川さんたち。けれど安い品だけに、使い捨てになってしまうのが気になっていたそうです。このバードウォッチング用長靴をお弟子さんを通して知った時は「これぞ！」。充分な長さがあり、上部はひもで締められます。素材も柔らかで足の動きになじみ、たたんで付属の袋に入れれば持ち歩くのにも重宝します。現在は、農作業に携わるみんながそれぞれ好みの色を愛用。もちろん、早川さん用は赤です。

早川さんが選んできたのは、環境への負荷を減らし、里山での制作や自給自足的な暮らしに役立ち、体にも心地よいもの。「結局は手にして気持ちがほっとできる道具がいちばん。そう感じた品をずうっと使い続けたいんです」という別れ際の言葉がすべてを語っています。

4

☑ STORY　□ ITEM

「のみやパロル」オーナー

桜井莞子さん

ITEM → p.52 ～

PROFILE

ケータリングの会社を立ち上げたのち、初めの「ごはんやパロル」を開き人気を博す。東京・青山で現在の「のみやパロル」を再開。娘さんの海音子《みおこ》さんも厨房に立ち、切り盛りしている。器使いのセンスにも定評あり。東京都港区南青山2-22-14 フォンテ青山101 ☎03-6434-5959　営業日の詳細はインスタグラム@nomiya_paroleで。

コロナ禍によって、人々がさまざまな形で自粛を強いられ続けていた2021年夏。訪れた「パロル」は意外な盛況でした。国の緊急事態宣言を受けての長い休業に入る前に、翌々日から伊豆高原の家に引きこもるというオーナーの桜井さんに会っておきたくて、親しい常連客が集まっていたのです。中には、かつて一緒に店を切り盛りしていた出村明美さんの姿もあります。図らずも、お2人そろってのお話を聞くことができました。

桜井さんはもともとは専業主婦でした。けれど、デザイン関係の仕事をしていた夫の仲間をもてなす自宅の食卓を通し、その料理の腕前はよく知られていました。そして30代での離婚後、知り合いの雑誌編集者に勧められて料理ページを担当することを仕事に。40代に入ってから、海外ではすでに一般的になっていたケータリングを知ります。いわゆる出前ではなく、パーティやイベントなどでその場に適したフードを考案し、届ける仕事です。好奇心旺盛かつ前向き思考で、人と出会うことも好きな桜井さん。「これは面白そう！」と、まだ国内では珍しかったケータリング会社を作ったのは45歳の時でした。

センスあふれる仕事ぶりは人気を呼びました。海外著名ブランドや有名ギャラリーのオープニングパーティなどでも引っぱりだこ。そして50歳で、特別な時ではなくてもおいしい料理を食べてもらえる場として東京・西麻布に「ごはんやパロル」を開店しました。

そうして全力で走り続けてきた日々でしたが、やがてちょっと降りたい時もきます。60歳で店を閉めて伊豆高原に建てた家に〝隠居〟。こぢんまりと料理教室などもしていましたが、何か気持ちにそぐいません。

「庭いじりとか散歩とかの呑気《のんき》な暮らしには飽きてしまう。落ち着いた生活というのが駄目。それで旅やおしゃれにどんどんお金を使い、気づいたら貯金も底をついて……」

どうするか？ 体も元気だし、何をして働こう？ 考えた末、71歳で現在のお店「のみやパロル」をオープン。立ち上げ時にパートナーとして声をかけたのが、西麻布時代に近所で店を持っていた出村さんでした。出村さんは、ケータリングのすごい人がやっている店があると聞いて訪ねたのをきっかけに、すぐさま意気投合。数年前に海外での仕事を機にパロルを離れましたが、出会って以来30年にわたる濃いつき合いが続く大切な関係です。

歴史ある定番品はやはり優秀

自宅や「のみやパロル」で使い続けている道具は、オープン時に2人が持ち寄ったり、知人にいただいたり、勧められたものを取り入れたりで、素性の不明なものが多数。細かな物事にこだわらない桜井さんですから、ご自身で買ったものもメーカー名や値段などいちいち覚えてはいません。そりゃそうだ。自分だって同じです。

だから、お勧めいただいた品々には商品名もはっきりとはわからないものも多いけれど、積み重ねる人生の中で無意識に使い続ける道具ってそんなもの。似た品を見つけたら、ああコレかな？と思っていただければよいのではないかな、と思います。

以下、お仕事の軌跡を鑑《かんが》み、調理とサーブに関わるものに絞って教えてもらいました。

●シリコンのキャップオープナー（↓p.52）

握力が落ちて瓶の蓋《ふた》が開けづらいと感じるようになってから、必須となっています。いつも使っているのは2種。1つはドイツ・コロネット社の平らな円形のもの。蓋部分にかぶせてひねれば、ワインのスクリューキャップもさっと開けられます。鍋つかみとしても使えるそう。もう1つは「RIDGE BY KELTY」の名が入ったシリコンの輪っか。瓶詰めなどの蓋を囲むようにセットして使います。

「海外のピクルスとか蓋がきつい瓶もすっと開けられるから、本当に頼っていますね」

●さらし（↓p.53）

昔からあるものですが、知っている人は少ないかもしれません。お祭りで神輿《みこし》を担ぐ人が胴に巻く白い木綿布がそう。筆者も持っています。蒸し器の敷き布、自家製カッテージチーズの水抜き、レタスの水け取り、さらに湿布にも包帯代わりにもと、実に用途多彩なのです。10m以上あるので、必要分を切り、糊《のり》を洗い落としてから使います。

桜井さんの利用法は、だし漉《こ》しやヨーグルトなどの水きり。魚や肉などを切ったまな板も濡《ぬ》らしたさらしで拭きます。使用後は煮沸して乾燥。

「意外なほど安いですし、1回買えば相当にもっと思いますよ」

●「リッター」ピーラー（→p.53）

桜井さんも出村さんも、皮むきは断然「リッター」派。「切れ味は素晴らしいし、持った時のサイズ感もいい。使い勝手は抜群」と声をそろえます。ステンレス製のしゃれたものを買ってみたこともありますが、やはりこれに戻ったそう。刃が回転するので、いびつな形の野菜もスムーズにむけます。今使っているのは5代目と6代目。非常に頑強な品ですが、やはり料理の仕事をしていると使用頻度がまるで違います。家庭で使うぶんには数十年でももつに違いありません。

●「長次郎」わさびおろし（→p.53）

生の本わさびをおろす道具です。天然木に本鮫《さめ》の皮が張ってあります。伊豆では特産の生わさびをよく買うという桜井さん。

「これで円を描くように擦《す》ると、香りも辛みも鮮烈。おろし器を使うのとは全然違うのよ」

江戸時代から今にいたるまで使い続けられてきた道具には、残るだけの理由があるということ。サイズは小から超々特大までありますが、愛用は、ほどよい大きさの中サイズ。

●「ステンガンジー」缶切り（→p.54）

栓抜きや、押し込み式の蓋をこじ開ける部分もついた缶切りは、昔から変わらない定番品。重量もあって握りやすい点が気に入っています。

「最近はプルトップの缶詰が増えているけれど、お店では大きな業務用缶詰を開けることも多いので、私には必需品。ぐいぐいと切れます」

見た目も楽しい便利道具もいろいろ

一見しただけでは何に使うのかよくわからないものもあって、興味津々。

●ハサミ形トング（↓p.53）

なんだか医療器具を思わせるようなハサミ形のトング。煮沸したさらしをつまんで鍋から引き上げる時の必須の品です。弾力を使ってものを挟む一般的なタイプよりも、人差し指と親指を穴に通して開閉するタイプのほうが、桜井さんにとっては力が入りやすいそう。

もちろん調理にも日々活躍します。蒸し器から茶碗蒸しの器を取り出す時も、茹《ゆ》でた菜物を鍋から引き上げる時もこれ。

●ステンレスのスクレーパー（↓p.55）

お店のスタッフにもらった品で、すり鉢やおろし金の目に詰まったものを掻《か》き出すのに使います。ヘアブラシのクリーニング道具のようですが、れっきとした調理用品。「おろしがね・すり鉢用スクレーパー」が正式名称です。

「ゴマを擂《す》ると、溝にたくさん詰まるでしょう？　竹の刷毛《はけ》は使ったら乾かさなきゃならないし、折れることも。これは丈夫。クシ目が多いから詰まったゴマも一気に集められます」

ショウガや柚子《ゆず》皮をおろした後も、これが大活躍します。

●「エバソロ」チーズスライサー&ラインドナイフ（↓p.54）

デンマークの2人組デザインユニットによる製品で、細長い流線形が確かにかっこいい。ピンと張られたステンレスワイヤーでチーズを削るようにスライスするものです。「パロル」はワインも出す「のみや」ですから、おつまみ料理にチーズを添えることは多々。

「20年ほど前にお土産でいただき、ずっと使い続けているんです」

ナイフのように刃に張りつくこともないし、柔らかなチーズも綺麗《きれい》に薄く切れます。硬い外皮を削り取るラインドナイフもセットされていますが、桜井さんはもっぱらハードチーズのスライス用として便利に使っているとか。

●抜き型（↓p.54）

東京の合羽橋で見つけた丸抜き型は、5種類のサイズで1セット。

「お正月料理の大根や人参を丸く抜いたり、大きさ違いで抜いた野菜を重ねた盛りつけにいいと思って買いました」

本当はこれ、クッキー生地用。硬い野菜を抜くにはちょっと力が要りますが、意外と手放せない道具のひとつなのです。

●**おろし器**（↓p.55）

素性は不明だけれど、受け皿に斜めに立てて使うステンレスのおろし器。

「店を始める時、家の道具を持ち寄ったの。これは明美ちゃんのものよね？」と言う桜井さんに、出村さんも「そう。何年も前だから覚えていなくて。たぶん日本のではないと思うけど」。大根をおろすにもチーズ用にも。特にチーズオムレツを作る時はおろしたグリュイエールチーズなどをたっぷりと入れます。これは角度がちょうどよくて、使い心地も軽いそう。

●**「プルタップス」ソムリエナイフ**（↓p.55）

ワインを開ける際、力を使わずにすっとコルク栓が抜ける2段フックのソムリエナイフです。小さなナイフでシールを切り取り、スクリューをねじ入れたら上段のフックをボトルの口に引っかけて少し抜き、次に下段のフックを引っかければ、テコの原理でキュッと。

「フックが1個のタイプもあるけれど、私は断然これ。抜栓する際の所作が綺麗に見えるの」


これまで、デザイン先行で買った道具には使いづらいものも多かったと話す桜井さん。

「70代になったらそういうものはさっさと手放していけばいいの。徐々にふるいにかけていって、残ったのが私の大事なもの。要は、自分はどこに愛着を感じるのか、ということよね」

本当に大切にすべきことは何なのか、今の自分にちょうどいい機能とは――桜井さんは、数多くの出会いと経験を重ねる中で、心を研ぎ澄まして選び取ってきたのです。

1-4

☐ STORY　☑ ITEM

それぞれの愛用品

一田憲子さんの愛用品

1

STORY→p.7〜

普段の仕事は書斎。けれど、茶の間で資料などを広げる時間も。ここは「ライター塾」の生徒や友人など多くの人が集まる場でもある。

郵送するものに、「ひみつ付せん」にひと言書いて貼る。「キャラクターものは苦手でしたが、このヤギさん郵便のものだけはなぜか好き」

インデックスラベルと ふせん

「ポスト・イット®」の「フィルムふせん インデックス用」は100枚入りで340円程度。「ミドリ」の「ひみつ付せん」は20枚入って374円。

「無印良品」ノート 「PILOT」ボールペン

A５のダブルリングノートは190円。表紙の色はベージュもあるが、気に入っているのはダークグレー。スーパーグリップＧ1.2㎜は１本110円。

起毛素材の薄型ハンガー

厚さ５㎜程度で、衣類が滑らないのがいい。近隣スーパーや「アマゾン」で見ては購入。数十本まとめて買えば、１本100円以下のサイトも。

A４クリアファイル

仕事での紙類を整理する用。「アスクル」で取り寄せている。100枚パックで699円と安い。ほかにコピー用紙も同じところから購入している。

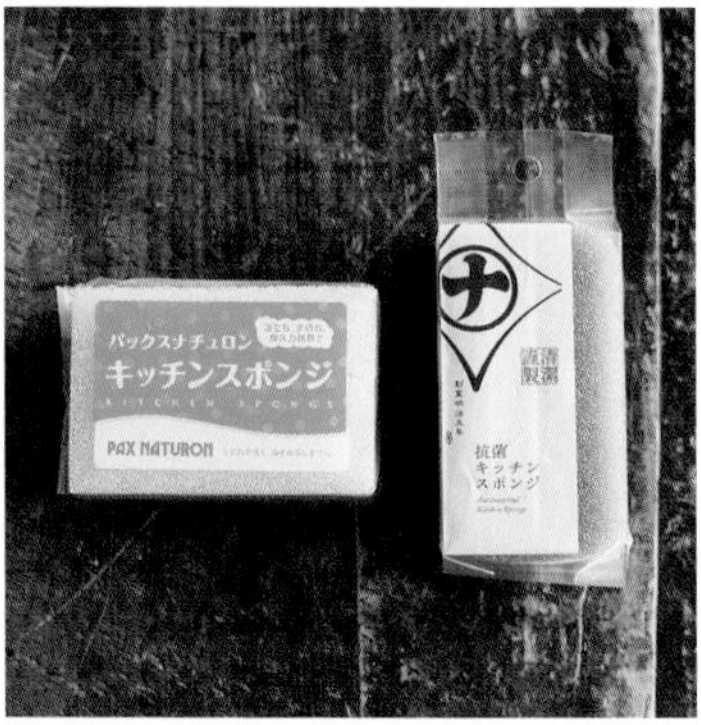

キッチンスポンジ

左の「パックスナチュロン」のものは176円、右の「マーナ」のスポンジは308円。汚れが見えやすい色を選び、使ったあとは、吊るして水をきる。

ステンレスの キッチンポット

合羽橋で買った業務用の「深型丸型キッチンポット10㎜」。新潟県燕市で作られている。2000円前後。ステンレストレイに載せておけば掃除もラク。

アルミの角形バット

合羽橋で買ったバット。切った食材などを入れてこうして重ねられるので、キッチンでの作業もはかどる。かなり前のものなので値段は失念…。

ガラスの調味料入れ

以前に「アマゾン」で見つけた品。1500円ほどだった。右の四角いガラス容器は日本のアンティーク。福岡の雑貨店「四月の魚」で見つけた。

キッチンには手の届きやすい位置に普段使いの調味料が並ぶ。別容器に入れ替えるのは一見手間のようだが、結果的にはラクなのだ。

寒川せつこさんの愛用品 2

STORY → p.15 ～

普段のキッチンでもアウトドアギアを使いこなす寒川さん。刃渡りの短いタイプの「モーラナイフ」も、幾度も研ぎ直して毎日の調理で大活躍。夫婦でワインを楽しむ際のお供に、チーズや生ハムを薄く切るのにも必須。

「モーラナイフ」
フィッシングコンフォートフィレット

スウェーデンの代表的刃物メーカーの刃渡り９㎝のフィッシング用ナイフ。3300円。包丁より刃が薄く、小さな魚もさばきやすい。

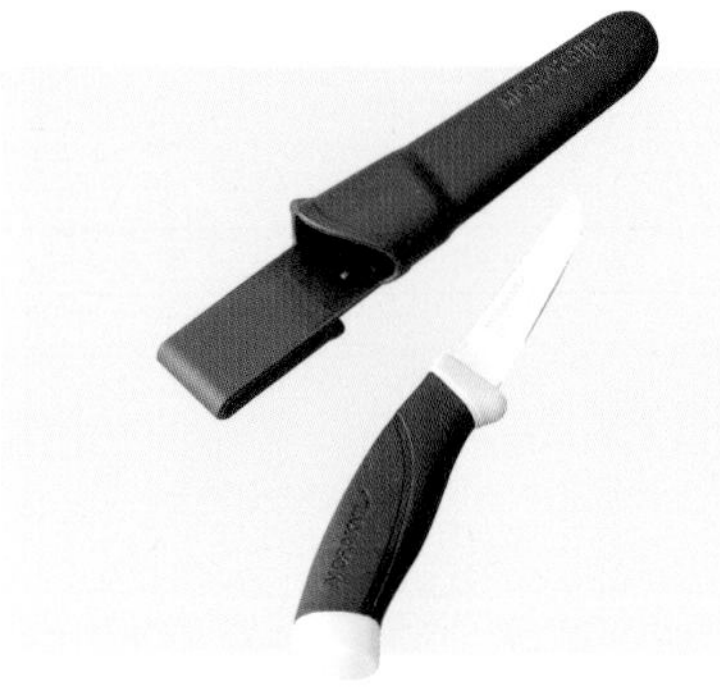

「TOYOTA」
プロボックスF 1.5ℓ ハイブリッド

３年ほど乗ってきたプロボックスに、2021年にハイブリッドタイプが出て乗り換えた。定価は200万円ほど。運転席周辺の装備も充実している。

「シアトルスポーツ」
ソフトクーラー

手前は缶飲料、後ろは２ℓペットボトルが入る高さ。7000円台や5000円台だが、性能のよさや使い勝手を思えば気にならない価格だ。

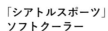

たためる

フルーツバスケット

竹でできていて取っ手がリンゴ形で、折りたたんだ姿もリンゴ。持ち運びやすく、鍋敷きにもなる。ホームセンターでは1000円ちょっとだった。

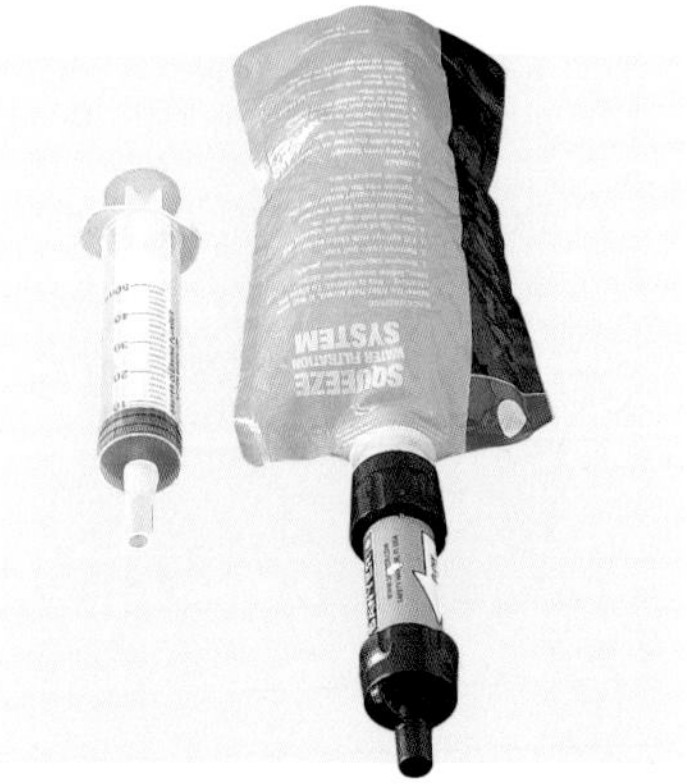

「ソーヤー」ポータブル浄水器ミニSP128

アメリカ・ソーヤー社のポータブル浄水器は、全長14cmほどしかない。右は付属のパウチ水筒に装着した様子。左は洗浄用器具。3960円。

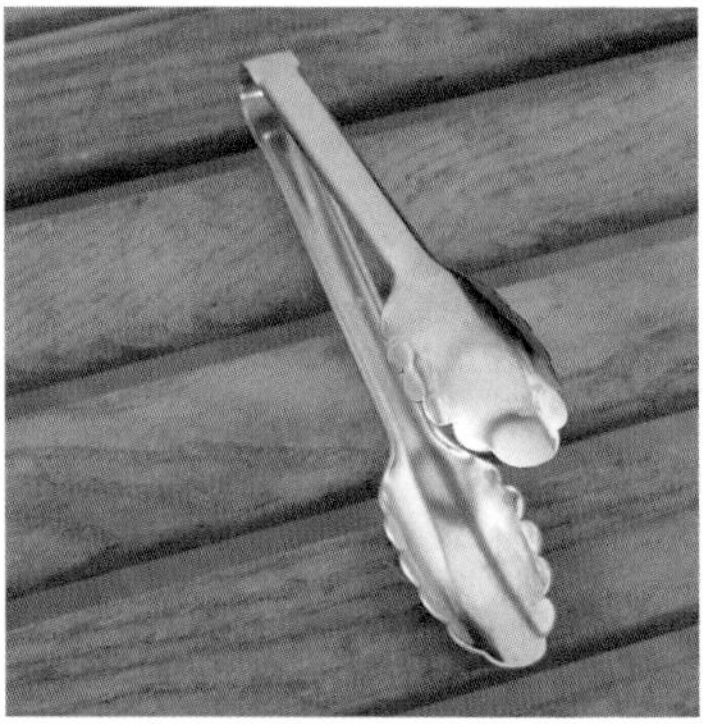

ステンレスのトング

金属を曲げただけの短めトングは、挟むのに必要な力加減もちょうどよく、手の延長のように使える。「カンダ」の安心安全トング18cm450円。

アルミのうどんすき鍋

「谷口金属工業」の品で、2380円で販売されている。アルミの打ち出しで熱伝導率がいい。鍋らしくない形状は、野外での用途も多彩だ。

「ボンマック」コーヒーサーバー

コーヒーではなくお湯の保温に使っているのはp.19で紹介したとおり。電気を使わないので戸外でも活躍する。※現在はもう製造されていない。

「グランドトランク」
トランクテック シングルハンモック

アメリカで、旅する人のために作られているハンモック。軽くて持ち運びやすく、手軽にセットできて、非常時も確実に役立つ。8800円。

「ウールパワー」の衣類

日々の生活で手放せない防寒衣類。ソックス2530円、丸首長袖の肌着11000円、ジップタートルネック13200円。その値段の価値はある。

早川ユミさんの愛用品 3

STORY → p.23 ～

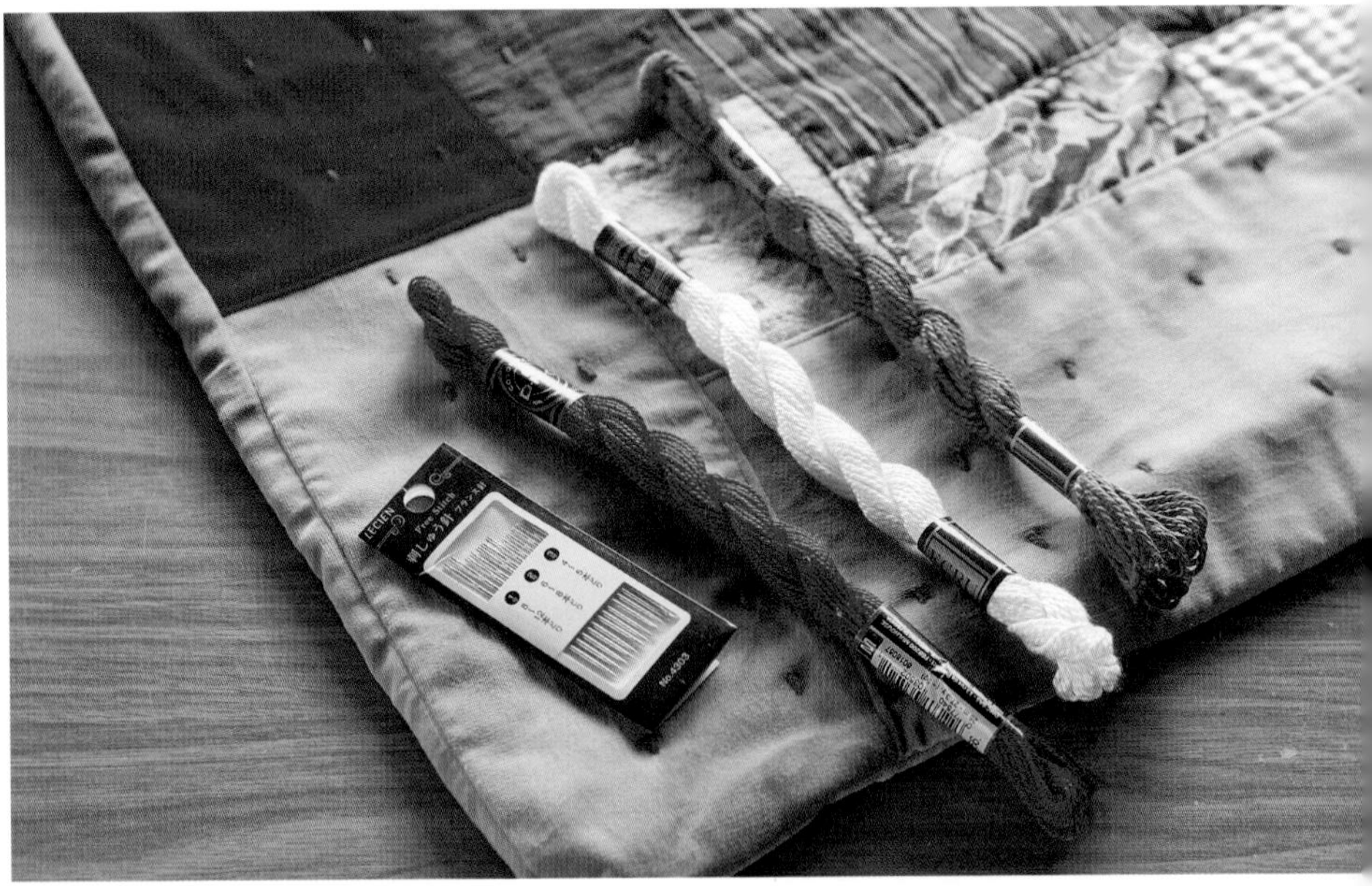

「DMC」刺しゅう糸

コットン100%でありながら綺麗《きれい》な艶《つや》のある「コットンパール」の5番は25mで286円。早川さんが真に愛用するのは、日本では扱いのない3番。

毎日、きっちりと時間を決めて作業する早川さん。朝はまず草刈りや田畑の手入れなどの外作業をし、11時からお弟子さんとともに縫い物仕事。昼食を終えて片づけたら、またちくちく。原稿書きなどは夕食を終えた時間に。

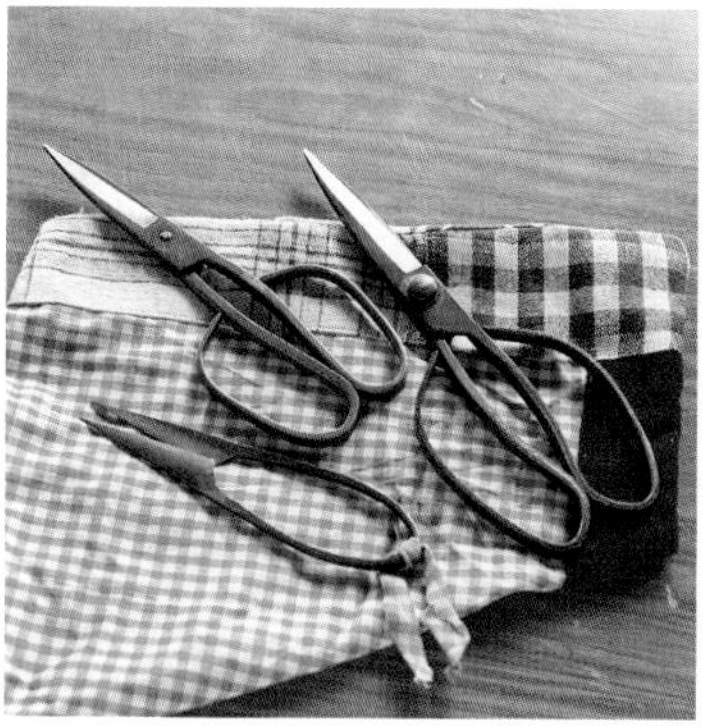

「タジカ」ハサミ

「TAjiKA」はプロ用のハサミを手作りする多鹿治夫鋏製作所の一般向けブランド。右から9900円、9350円、4950円。研ぎ直しもしてくれる。

「クロバー」まち針

使っているのは「シルク待針〈耐熱〉」。100本入り638円。針が0.5㎜と細いので、布通りがよく、ミシン針が当たって折れることもほぼない。

「三菱鉛筆」油性ダーマトグラフ

ワックス性の筆記具として昔からある。12本入りの箱だと1000円前後。早川さんは紙に書くのに使うが、ガラスやプラスチックなどにも書ける。

アルミピンチ

「松野屋」で買っている品。24個入りで東京製。昔から使われてきたままの懐かしい形。紙類をまとめる際のクリップ代わりにも活用する。

早川ユミさんの愛用品 3

ほうろうの壺《つぼ》

たぶん中国製。蓋《ふた》付きと蓋なしがある。アジアン雑貨の店などで現在は4000円前後。ほうろうは洗うだけで清潔に保てるので、使い方は自在だ。

「カムカム鍋」

２合用5610円。アルミ成分がご飯に入る心配もない。６合用も持っている。「ヘイワ圧力鍋PC-28A」2.8ℓ 23100円に入れて使っている。

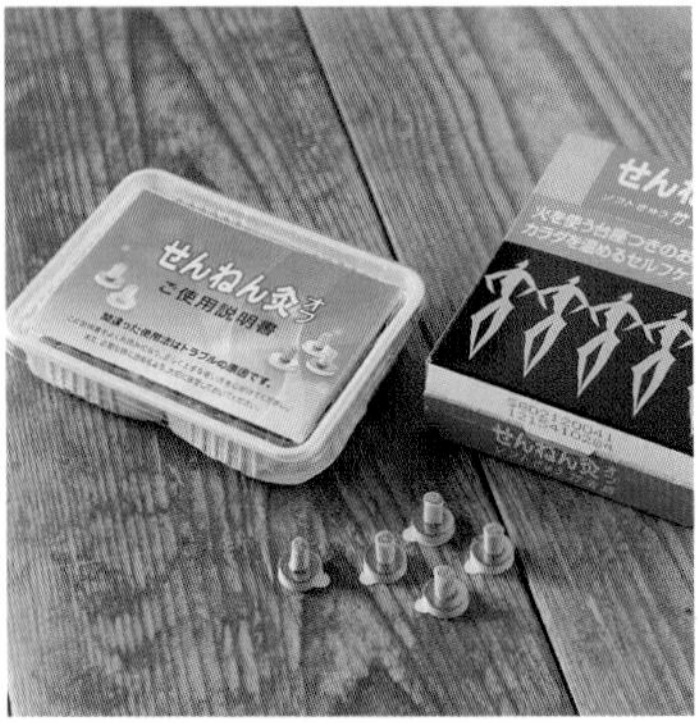

「せんねん灸オフ」

誰でも気軽に使えるお灸を提案し続ける「せんねん灸」の、肌に張るタイプ。穏やかな温かさの「ソフトきゅう竹生島」は70個入り1331円。

サワラの湯おけ

徳島県で手作りされている木曽サワラの湯おけ。サワラは耐水性が高くて水まわりに強く、使うにも軽い。直径は24㎝。「松野屋」のもの。

これが畑仕事のいでたち。麦わら帽をかぶり、背負い籠《かご》をしょい、手にはノコギリ鎌。丹精した水田の稲もすくすく。

「金星」新型鋸《のこぎり》鎌

普通の鎌《かま》と違い、刃の部分がノコギリ状。だから堅い植物も切りやすく、畑の土をならすのにも使える。1342円。刃渡り16.5㎝のサイズ感もいい。

「日本野鳥の会」
バードウォッチング長靴

くたっと柔らかな長靴は、水田での作業に活躍。小さくたたんで入れられる袋付き。早川さんが好きな赤は4840円。カラーで価格は異なる。

麻ひもネット

「第一ビニール」という会社の製品だがビニールは不使用。環境にやさしい麻の園芸ネット。マス目は15㎝角。こちらは1.8×3.6mサイズ。

桜井莞子さんの愛用品 4

STORY → p.31 ～

ランチ後の休憩時間も桜井さんは、ほがらかに話しながら料理やぬか漬けの仕込みに忙しく働く。どこか懐かしくやさしい味わいの料理を盛りつけるのは、キッチンの棚にズラリと並ぶ、黒田泰蔵さん作の白い器。

シリコンの キャップオープナー

ドイツ・コロネット社のものは鍋つかみや鍋敷きにもなる。今は販売していないが似たものは300円ほど。リング状のものも長く愛用。

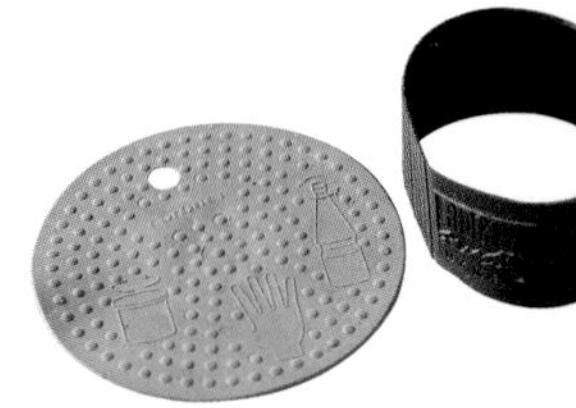

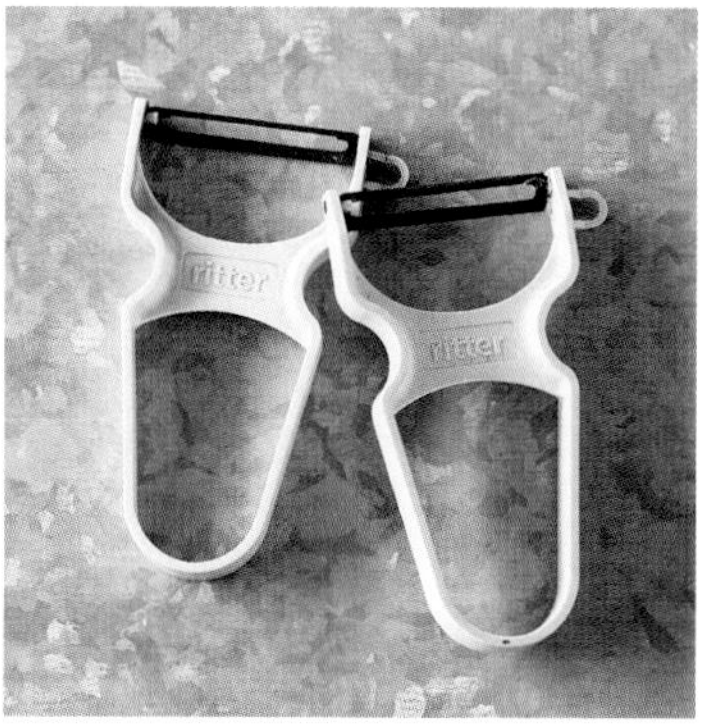

「リッター」ピーラー

ドイツで100年以上の歴史を持つリッター社のピーラーは世界の定番品。ジャガイモの芽掻《か》きもついている。550円という安さも魅力。

さらし

今使っているのは江戸時代からの歴史を持つ知多木綿の「東天晒」。34cm幅の布約10.2mが折りたたまれて入っていて、1000円から1500円程度。

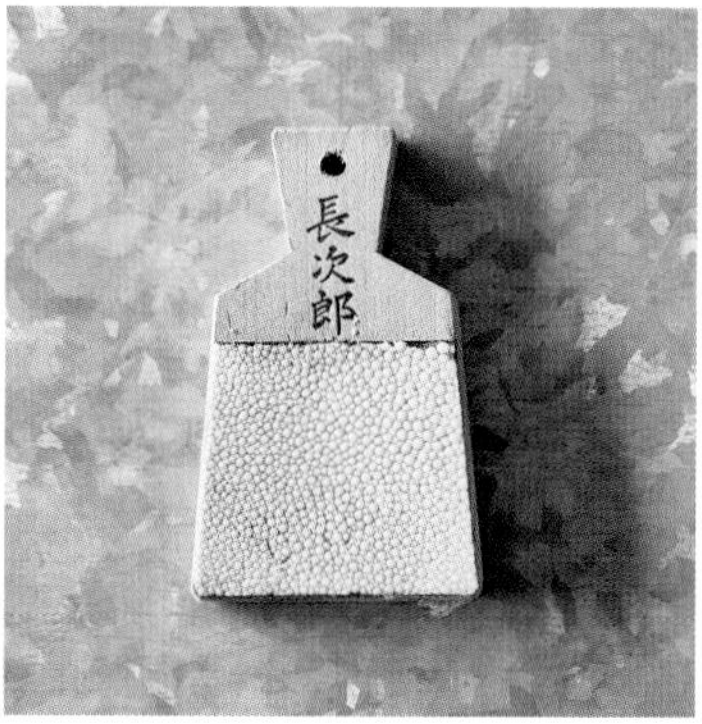

「長次郎」わさびおろし

「長次郎」とは、岐阜県で鮫皮おろしを手作りするワールドヴィジョン社のブランド。国内外の寿司屋、和食店で使われている。中は3190円。

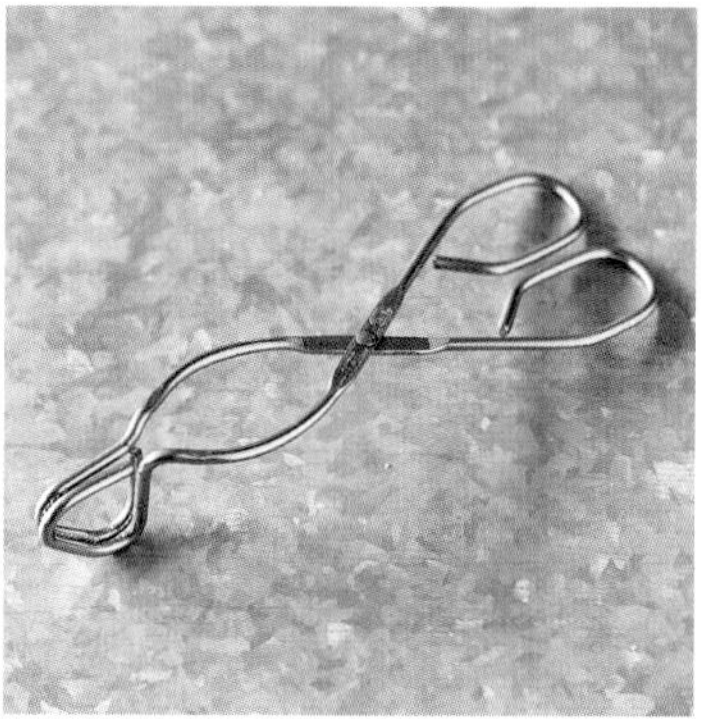

ハサミ形トング

ものをつまみ上げるのに適した形状。先端は滑り止め加工がしてあるのも実用的。アメリカ製。形の似ている品だと2000円くらい。

「ステンガンジー」缶切り

日本の新考社が作っている。切れ味がよく頑丈で、ハードに使っても壊れない。赤いタイプもあるが、桜井さんはシルバーを選ぶ。1100円。

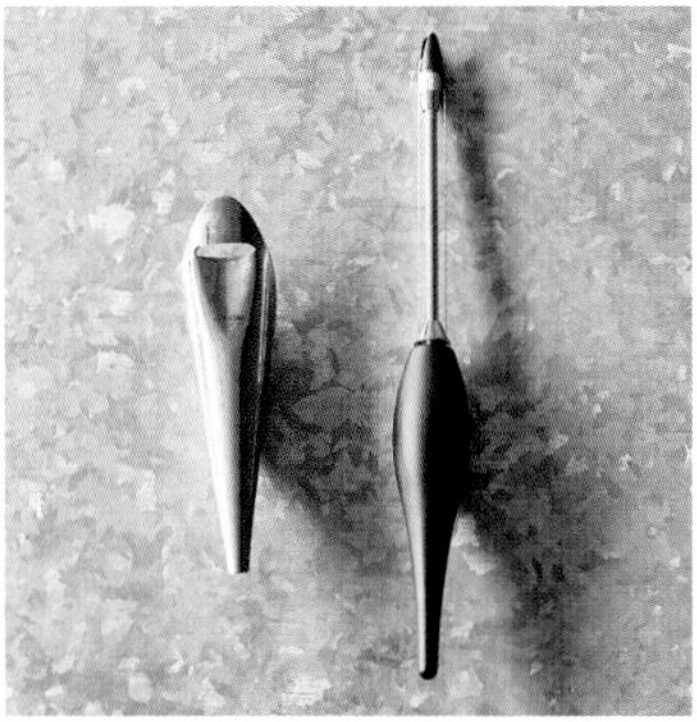

「エバソロ」
チーズスライサー＆ラインドナイフ

デンマークのデザイン。右が2種類の厚さで切れるスライサー、左がラインドナイフ。美しいだけでなく、持ちやすさも◎。7040円。

抜き型

「クイジプロ スナップフィット クッキーカッター 丸 5ケ組」。1500円前後。クッキー生地やパテを抜く型。赤い部分を持って使う。

おろし器

もともとは一緒に店を切り盛りしていた出村さんの私物。金属部の脚を立てて使う。たためばコンパクトに収納できるのもいいところ。

おろしがね・すり鉢用スクレーパー

「池商」の製品。極細のステンレスブラシで、すりおろしたショウガやゴマを無駄なく集められる。目詰まりを掃除するにもいい。1485円。

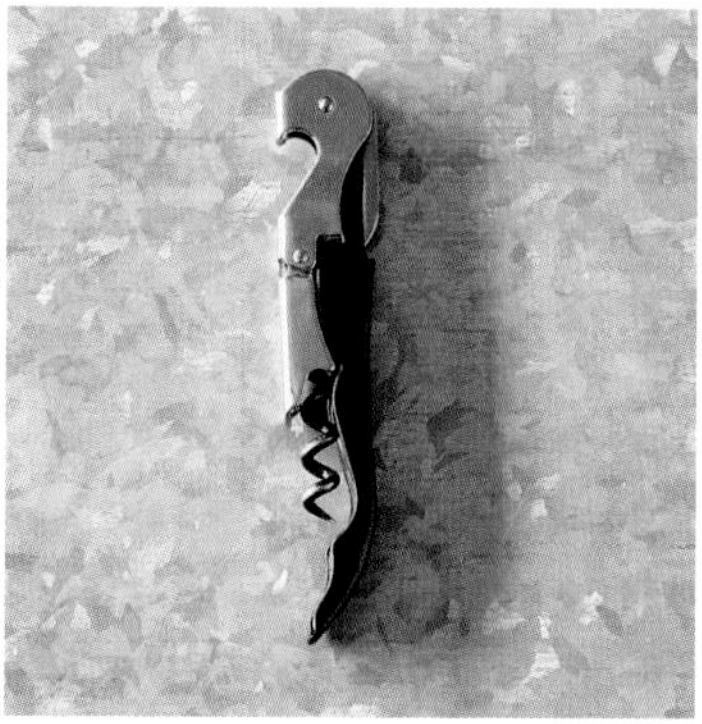

「プルタップス」ソムリエナイフ

「プルタップス」の「ソムリエナイフ エボリューションブラック」。初心者でも失敗なく、ラクにコルク栓が抜ける。

キッチンの窓辺に、調味料や乾物の容器が統一感を持って並ぶ。ガラスやステンレス素材は汚れても綺麗《きれい》な状態に戻せる。キッチンツールも取りやすいよう立てて収納。時を重ねた住まいの風情によくなじむ(一田憲子さん)。

取材で見つけた暮らしの知恵

1

保存容器と保存袋

一田憲子
さん
→p.7～

あらゆる保存容器を〝見える化〟

「IKEA」のステンレスワゴンの下部は、さまざまな保存容器の収納場所。ワイヤーかごを使って分類している。余った料理を入れるほうろう容器、まとめてひいただしを冷凍するスクリューキャップの容器、野菜保存用のジップ袋。どれも必要時にすぐ手に取れる。

野外で役立つ「ジップロック」

ジップ袋はアウトドアで活用する以外に、何種類かのサイズを防災リュックに入れてある。「ジップロック」のコンテナは扱いやすい小さいサイズで統一し、煮物など１人分ずつに小分け冷凍して野外へ。残った食材をおすそ分けするにもいい。

寒川せつこさん
→p.15～

瀧本真奈美さん
→p.73～

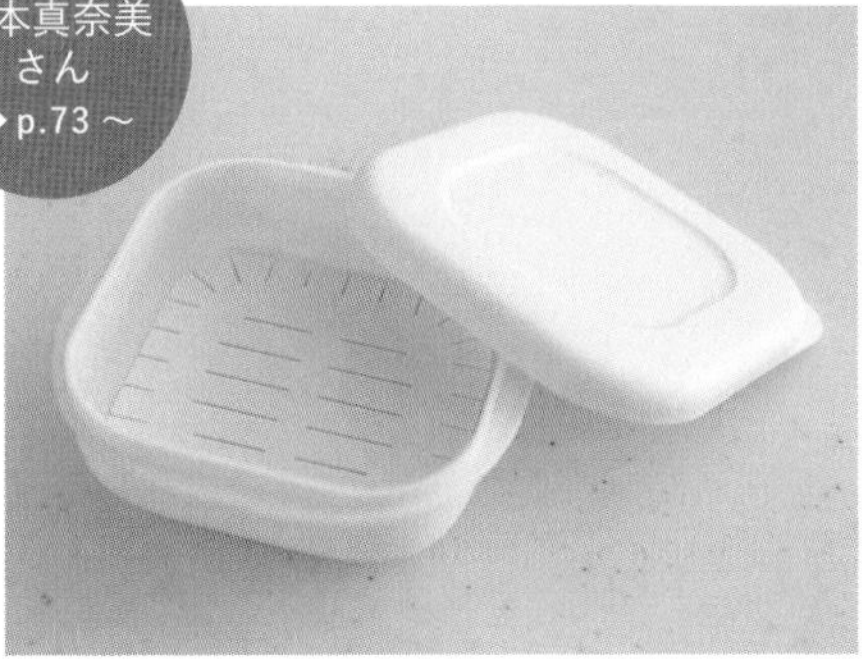

冷凍ごはんをおいしく食べる「マーナ」極 冷凍ごはん容器

中にスノコ状のプレートが入っているごはん保存容器は「極」というシリーズのひとつ。これで冷凍したごはんは、電子レンジで温めるとふっくらおいしい。そのまま食器として使えるのもいいところ。２セット入りで1078円。

密閉容器やジップ袋などでの食品保存は、今やあらゆる人の生活に浸透しているのではないでしょうか。だから、知りたかったのはみなさんがどう使っているかです。

一田さん宅では〝収納容器の収納〟に驚きました。すべて一目瞭《りょう》然《ぜん》。ジップ袋の使い方もユニークです。各種の野菜を仕分け、冷蔵庫内に立てて並べるのです。これもまた、一目瞭然を目指すワザ。

アウトドア活用なら寒川さん。小さいコンテナは食品の小分け冷凍に。ジップ袋も食材や濡《ぬ》れるのを防ぎたいものを入れるほか、災害時は調理道具にもなるそうです。

最近は機能に特化した保存容器もいろいろ。瀧本さん愛用のごはん容器も試してみたいひとつです。

取材で見つけた暮らしの知恵

2

掃除の道具

「クイックルハンディ」伸び縮みタイプ

20代からいろいろ試してきた中、長く伸びて先が直角に曲がることから、これに。高い場所の埃《ほこり》もラクに取れる。796円。シートは12枚入りの大容量パックで買い、定期的に取り替える。

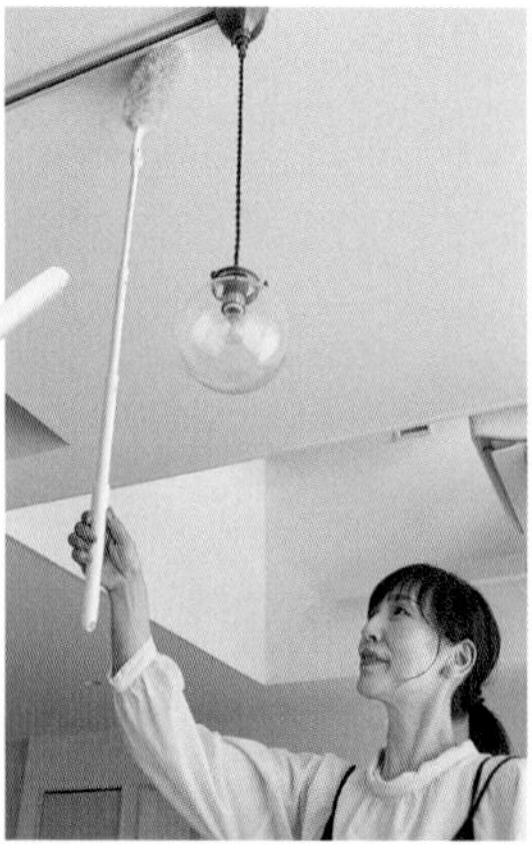

瀧本真奈美さん
→p.73～

「tidy」スウィープ

場所を取らず立てて収納できる、ほうき＆ちり取りセット。腰をかがめずにラクに使える。ブラシの弾力がちょうどよく、斜めにカットされているので隅まで掃ける。数多くの失敗の末、たどり着いた品。3960円。

キッチンまわりの清潔を保つ３品

右はp.75で紹介する「キッチン用アルコール除菌」。霧吹きボトルに入れて毎日使う。ほかの２つは業務用。（中央）「ピーピースルーＦ」は「和協産業」の排水管洗浄剤で2000円前後。流しが詰まり気味の際に振り入れると、一晩ですっきり。（左）「シーバイエス」の「ステングロス」はステンレスシンクの曇り落としとつや出しと保護が素早くできる。

一田憲子
さん
→p.7〜

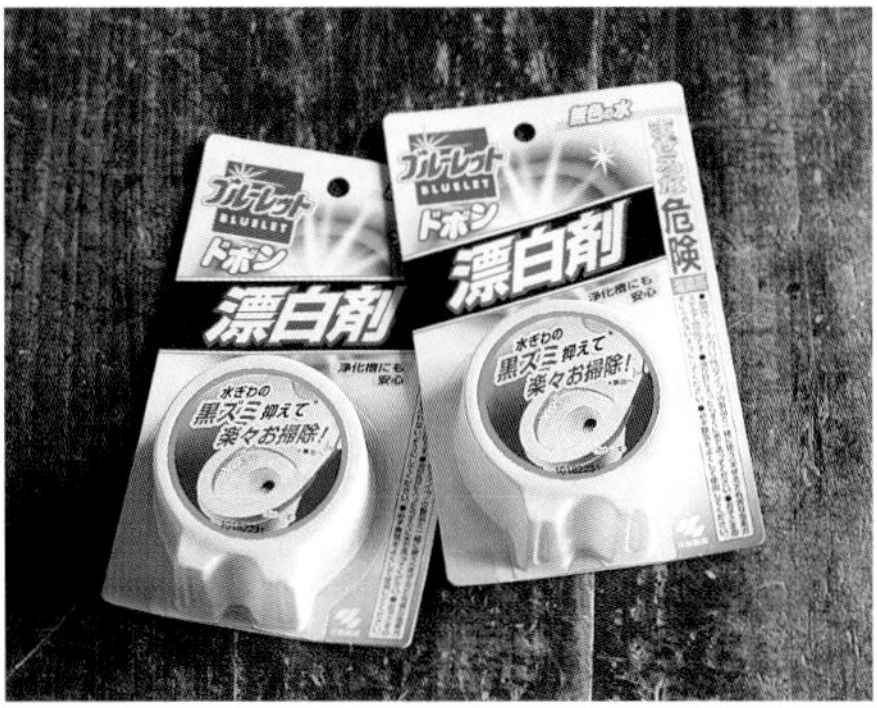

「ブルーレット」ドボン漂白剤

お掃除のプロに、雑菌の温床になると聞いてトイレブラシの使用をやめ、これを採用。タンクに放り込んでおくだけで便器の黄ばみが取れ、表面もツルツルになる。色も臭いもなく、使っていることに気づかないくらい。330円。

「がんこ本舗」
海をまもるバスブラシ

普通のバスブラシの3倍までびっしりと植えられたゴムラテックスの硬い毛で、洗剤を使わずに汚れを綺麗に掻《か》き落とせる。1650円。一田さんはお風呂の床洗いにこれと、100円ショップの目地ブラシ(右のもの)を併用。

掃除道具では、これぞというものに出会うまで誰もがさまよった経験を持っているはず。性能の良し悪《あ》しだけではないのです。年齢を重ねれば、かつては使いこなせていた道具にも違和感を感じます。

瀧本さんも「若い頃のように毎日、家中を掃除するのは無理。ラクに綺麗《きれい》にできるものを、と」。姿勢に負担のない道具とともに、手間なく確実な効果のある洗浄剤に着目。シンクまわりで使う2種は業務用ならではの強力さです。

一田さんも同様。「ケミカルなものには抵抗感もありましたが、タンクに入れるトイレ漂白剤はツルツルになって爽快」。そのぶん、浴室では洗剤不要で簡単に汚れを落とせるブラシを使います。

取材で見つけた暮らしの知恵

3

100円ショップとのつき合い方

ショコラさん

→p.65～

調味料いろいろ

醤《しょう》油《ゆ》、料理酒、みりん風調味料、白だし、ポン酢、ケチャップ、マヨネーズ、オリーブ油、サラダ油…。小さいサイズは変質する前に使いきれるし、場所も取らない。大手メーカーの品も多く、品質的にも安心。

一田憲子
さん
→p.7～

「ダイソー」ステンレスたわし

鍋の焦げつきを取る時は、重曹を振りかけてこのたわしでこする。3種のサイズのうち、いちばん小さい10gのものを使い捨て。滅多に使用しないが、ないと困る品。8個入りをまとめて買って、古道具の瓶に収納すれば綺麗。

意外と使えるものから残念なものまで100円ショップの品ぞろえは驚異的。どんなものを選ぶかは人それぞれです。リメイクインテリアを楽しんでいた頃の瀧本さんには、そこは素材探しの場所でした。けれど今は、どの方々にとっても本当に役立つ定番品を見つけ、長く買いつなぐ場のよう。

美容液や調理用具などを買うショコラさんがいちばん使うのは調味料です。小さくて持ち帰る際も重くないし、安心できるメーカーの品もそろっています。一田さんが買うのはステンレスたわし。小サイズをまとめ買いして常備します。消耗品であればこそ小さいこと、惜しまず使えること。それも選び方のものさしのひとつかも。

取材で見つけた暮らしの知恵

4

やがて自然に還《かえ》るもの

早川ユミさん
→p.23〜

「レック」キッチンスクレーパー

皿や鍋に残る汚れをこそいで落とすもの。油脂性のベトベトもしっかり取れる。330円(オープン価格)。早川さんは都市部の知人にもプレゼントする。

「ジフィーポット」

「サカタのタネ」の土に還る素材の育苗ポット。写真はブロッコリーや白菜の芽。よく使うのは「丸型5.5cm」40個入り550円、「丸型８cm」30個入り770円。

「パックスオリー」ヘアソープ

「パックスナチュロン」のオリーブを使った石けんシャンプー。現在はデザインと容量が変わり、450mℓ 1815円。詰め替え用もある。

お話を聞いたどなたもが、便利さと自然環境に対して低負荷であることとのバランスを気遣っていました。中でも参考にしたいのが早川さん。下水道が完備されていない山では、排水は水路から田んぼや川に注ぎます。だから合成洗剤は使わず、油脂を含む食品汚れは流さずに鶏の餌に。畑での消耗品も天然素材を選びます。

「パックスオリー」のヘアソープは、石けんなのに髪がきしきしせずコンディショナーも要らないそう。野菜苗を育てる「ジフィーポット」は天然素材なので、そのまま土に埋められます。鍋や皿に残った汚れを拭《ぬぐ》うには「キッチンスクレーパー」が活躍。都市部での生活にも取り入れたい選択肢です。

5

☑ STORY　□ ITEM

シニアブロガー

ショコラさん

ITEM → p.98 〜

PROFILE

2016年、60歳を機に「ショコラ」の名で始めたブログ「60代一人暮らし 大切にしたいこと」が、異例の月間60万閲覧を記録して、大きな話題に。著書に『58歳から日々を大切に小さく暮らす』（すばる舎刊）『65歳から心ゆたかに暮らすために大切なこと』（マガジンハウス刊）。57歳で正社員を退職して、現在はパート勤務中。
https://lee3900777.muragon.com/

ショコラさんは、節約をしながらのシンプルな暮らしの楽しみをリアルに綴《つづ》る大人気ブロガーです。還暦を迎えた年のクリスマスにスタートしたブログ「60代一人暮らし 大切にしたいこと」は、5年が過ぎた今も常にランキング上位。月12万円で伸びやかに生活していくための準備や心構えを語る著書『65歳から心ゆたかに暮らすために大切なこと』にも、共感し、見習いたいとの声が続々と寄せられています。

節約といっても、あれこれ我慢とあきらめを重ねるような寂しいものではありません。重要なのは〝ささやかな暮らしであっても満ち足りて自由〟だと感じるかどうか。部屋には観葉植物や切り花を絶やさず、本当に欲しいと思ったらブランド品の服や器も買います。一方、100円ショップもフル活用し、日々読む本は近所の図書館で借ります。

「常に心がけているのは、身の丈に合っているか、無理していないか、それは好きなことかの3つだけです」

こうした生活哲学を持つにいたるには、これまで20年あまりの積み重ねがあります。

ショコラさんは、42歳の時に夫や息子たちと住む家を出て別居。パートで働きながら1Kのアパートで暮らしましたが、生活を安定させるため求人広告をくまなく見て、年齢制限を超えていた化粧品メーカーの正社員に採用されます。その後、46歳で正式に離婚。今も住む1LDKのマンションを買ったのもその頃です。持ち家さえあれば、いざという時は売ればよい、と。ローン完済に向けて節約に取り組む中、やがて仕事先では営業所長に抜擢《ばってき》されるのですが、そのストレスは大きく、体にも変調をきたします。家計簿をチェックし、月に12万円あれば暮らせると判断。57歳で退職し、企業年金と国民年金で12万円を確保できるまでのつなぎとして呉服問屋でフルタイムのパートに。予備費を確保するため少しでも貯金しようと、無駄な出費を防ぐ暮らしにも磨きがかかっていきました。一人で心穏やかに生きていくには今どうすればよいか。先々を見据えたその計画性には、感嘆するしかありません。

一人の暮らしに寄り添うものたち

そんなショコラさんが愛用する品は、安くても使いやすくて納得のいく品質のもの、あるいは高くても自分の感覚に添い、長く使えるよいもの。さらに、60歳を超えてからは、軽くコンパクトで、扱いや出し入れがラクなものという基準も加わりました。

「いわゆるおしゃれなものやいいものって重かったりするでしょう？ 若い頃は使いにくくてもなんとかなったんです。でも今は、少しでもストレスを感じないものを選びたい。無理なく自由に好き勝手に、でいいんじゃないかしら」

同感です。私たちはもっと、イメージとしての〝素敵な暮らし方〟の軛《くびき》から自由になっていい。ではそろそろ、そうした基準で使い続けている品を教えていただきましょう。

●「三菱鉛筆」ジェットストリーム（↓p.98）

正社員時代の10数年前から使うボールペン。0.5㎜の細字ですが、インクの色が濃く、書き味もとてもなめらかです。

「営業の仕事ではスケジュール帳にすごく細かい字で予定など書いていて。それに最も適していたのがこのボールペンです。スケジュール帳を埋めることは少なくなった今もこれ」

使ってみました。油性ですが、ぽてっとせず小さな文字も綺麗《きれい》に書けます。

●「フランフラン」キッチンディスペンサー（↓p.99）

食器洗い洗剤を詰め替えるディスペンサーは、ころんと丸い形が愛らしい。しかもスポンジを挟むホルダーもついているので、これだけで濡《ぬ》れたスポンジの置き場所も確保できます。

今は30代になった次男が使っているのを見て導入しました。

「こだわりを持ってものを買う子で、家に置きたい品の感覚も私に近いの」

スポンジ付きの商品ですが、使い込んだら、色味の合った100円ショップの黒いスポンジに買い替えて使っています。

●非常用ランタン（↓p.99）

100円ショップで、300円で売っていた電池式ランタン。防災用として買い、普段はテレビ台の棚でかごに入れて置いています。電池は消耗しないよう、はずして一緒に。

「一人だとこういう備えも大切。必要になる日がないほうがいいんですが」

筒状の上部を引き上げると、充分な明るさの白色光。いったん下げてから再度引き上げると今度はオレンジ色の炎が揺れるような光になるのも楽しい！　停電した時に役立つだけでなく、アウトドアにもいいかも。後日、気づきました。86歳一人暮らしの筆者の母も同じ品を持っていて、「綺麗でしょ～」と自慢していたことに。

●小さな鍋と小さなフライパン（↓p.99）

「一人ならこのサイズで充分」という鍋は、合羽橋で見つけたミルクパン。直径14㎝しかありません。パート先に持っていくお弁当用に卵やブロッコリーを茹《ゆ》でたり、時にはインスタントラーメンをぎゅうぎゅうに押し入れて煮たり。お味噌汁を作るのもこれ。

「とにかく、小さくて軽くて洗いやすいものを探した結果です」

直径20㎝のフライパンも100円ショップで300円。この価格でもちゃんとフッ素樹脂加工されていて、炒め物や目玉焼きもこびりつきません。

●馬毛の歯ブラシ（↓p.99）

テレビ番組で知った合羽橋の老舗「かなや刷子」の歯ブラシです。以前はブラシがギザギザ形状のプラスチック製を使っていたショコラさんですが、合羽橋好きな次男にも勧められて買い、予想を超えた使い心地のよさでリピートしています。

「最初はちょっと硬い気がしますが、すぐに柔らかくなじみます。磨いていて気持ちいいし、歯もツルツルになるんです。毛がへたりにくくて、5カ月くらいはもちます」

価格と価値を見定めて選ぶ

では、衣類や美容関連でショコラさんが使うものは？

●シルクのペチコート（→p.100）

暑がりで汗っかきというショコラさん。裏地のない夏物スカートを着ると、汗でまとわりついて困ります。以前は安い化繊のペチコートを買っていましたが、それでは暑い！　シルクのペチコートを見つけたのは比較的最近のことです。涼しいうえ、滑りもよいのでした。普段着るスカートよりも高い品です。けれど、ここは快適さこそ最優先。さっそく2枚目も買いました。冬はウールスカートの静電気も防いでくれます。

●「ニトリ」着る毛布（→p.100）

毛布を着るとは？　見せていただくと、ふわふわのフリース素材で丈の長いガウンでした。暑がりのショコラさんも、冬場の冷えはつらい。「これを知る前まで部屋着にカーディガンを羽織り、寝る時は羽毛布団2枚重ねでしたが、今では冬場のお風呂上がりには寝間着の上にこれを着てそのままベッドへ。掛け布団も1枚ですむようになりました」

●「ユニクロ」ブラキャミソール（→p.100）

おしゃれ好きなショコラさんは、「ユニクロ」などのファストファッションに対してはひとつの線引きをしています。ブームを反映してシーズンごとに出る品には惑わされず、定番としてこなれ、機能にも優れたものであれば取り入れるということ。肌着も例年新たなものが出ますが、それは機能と快適さの向上ですからありがたい話です。ブラキャミソールはブラジャーとキャミソールを重ねた時のもたつきがなくてラク。汗っかきゆえ、夏を想定した「エアリズム」のものを一年中活用し、年に2枚ずつ更新。はい、筆者も愛用しています。

●「ユニクロ」ウルトラライトダウンパーカ（↓p.100）

　8年ほど前に買った品はお母さまが気に入ったのであげて、また即買い直し。付属の袋に小さく入るので旅行に持っていくのによく、普段は近所の散歩にも着ます。

「腰までカバーできるし、真冬以外の半端に寒い季節にぴったり。一生使いそう。5月くらいに旅した時も意外に冷えて、これを持っていって助かりました」

●100円ショップのプラセンタ美容液（↓p.101）

　美容液すら100円ショップで扱う時代が来るとは……。「ダイソー」で大人気のこれは、売り切れ店も続出。ショコラさんは見つけた時にまとめ買いします。

「値段からして成分はわずかかもしれませんが、寝る前に塗ると朝にはツルツル」

●歩数計アプリ（↓p.101）

　これも道具といえるでしょう。そういう時代になりました。スマホに入れた無料アプリです。さまざまある中で、ショコラさんが使っているのは「毎日歩こう歩数計Maipo」のもの。

「疲れが募っていた時にこれを入れて、自分の動きと疲労の関係もわかるようになりました」

1日の歩数8000歩を目標値として開始。仕事が忙しくて大きく歩数を超えた日はゆっくり休むように。過去のデータを振り返ることも、健康維持につながっています。

●シルクのストール（↓p.101）

これはちょっと高かった品。30年ほど前に「プランタン銀座」のバーゲンで買ったフランス製です。薄くて暖かく、ふわふわの肌触り。小さくまとまるので、映画館や美術館といった冷房の強い場所のほか、旅に出る際にも手放せません。

●「箸方化粧品」（↓p.101）

広告を控えるとともに、極めてシンプルなパッケージで価格を抑えているドクターズコスメ。ショコラさんは送料無料の購入額になるようまとめ買いします。

「化学的な材料は無添加で、肌にやさしいです。画期的な効果があるわけじゃないけれど、安いから惜しみなく使えるの。高価な基礎化粧品をちびちび塗るよりいいと思うのよ」

「私にとって完璧と思える品ばかり」と話すショコラさん。〝節約〟と〝好き〟を秤《はかり》にかけ、丹念に選んできた品々のお話は、参考になる点がたくさん。長い人生をいかに心豊かに生きていくかを考える時、私たちにとってのひとつの指標ともなりそうです。

6

☑ STORY　□ ITEM

整理収納コンサルタント

瀧本真奈美さん

ITEM → p.102 ～

PROFILE

クラシングR代表取締役。整理収納コンサルタント、暮らしコーディネーターとして「心地のいい暮らし」を提案。収納やインテリアに関するセミナー、テレビ出演などで全国を飛び回る。『あなたを苦しめるものは、手放していい』（主婦の友社刊）など著書6冊。SNSの総フォロワー数は19万人を超える。
https://ameblo.jp/takimoto-manami/

瀧本真奈美さんが暮らすのは愛媛県新居浜市。中心市街から離れた住宅地です。家は、玄関内を見渡すだけでなんとまぁ、すっきり！　室内に入ればなおのこと。白を基本にしたインテリアは上品かつシンプルで清々《すがすが》しく、しばし見とれてしまいます。確かなセンスで選ばれたとわかる調度。キャンドルや花のあしらいもとてもエレガントです。そして収納内部を拝見すると、さらに驚きが。とにかく綺麗《きれい》。あらゆるものがきっちりと仕分けされ、ひと目でわかるよう整理されているのです。このインテリア術や、ものの生かし方、誰もが真似たくなるのも当然でしょう。

整理収納コンサルタントや住宅収納スペシャリストなど多くの資格を持ち、自ら立ち上げた株式会社クラシングRの代表取締役として、執筆、セミナー講師、コーディネートなどの仕事で全国的に活躍しつつ、セレクトショップの経営もこなす瀧本さん。この生活にいたるまでには、人生を大きく変えるいくつかの出来事がありました。

早くに結婚して19歳で初出産。けれども結婚生活は数年で破綻し、2人の子どもとの生活を守るために、看護師見習いをしながら看護学校に通うようになりました。高校生の頃から住まいのディスプレイが好き。しかし仕事は多忙で、32歳で再婚後も、家事をこなすので精いっぱいの日々が続きました。インテリアへの意欲ががぜん湧《わ》いたのは、2010年に購入した現在の住まいからです。最初はナチュラルスタイル、次はアンティーク……。やがて100円グッズを使ったリメイクをさまざま編み出し、ブログで発信すると大反響。インテリア雑誌などが次々と取材に訪れます。肉親の病気などでつらく、仕事やブログを休んだ時期も、長女の出産前に部屋を整えていくことが気持ちを持ち上げてくれました。

「空間を変えれば気分も変わり、救われる。それは私だけでなく誰にでも通じることではないかと気づき、仕事として本気で取り組もうと考えました」

数多くのリメイク品を飾っていた室内を、今のシンプルなスタイルに変えたのは2016年の熊本地震がきっかけ。暮らしを提案する立場から、安全な部屋づくりを表現したいと考えるようになりました。ものを厳選し、見やすく美しく整えた部屋はより広範な共感を呼んできました。そうした多くの経験を通して選んできた生活の道具とは……。

清潔さを保ち、人に安心安全であること

瀧本さんが特に大切に考えるのは、まず清潔さを保てること、安全な品であること。それには長い看護師経験も反映されています。

●「カビキラー」キッチン用アルコール除菌（↓p.102）

「カビキラー」と聞くと強力な薬剤を想像しそうですが、キッチン用のこれは発酵エタノールなどの食品・食品添加物原料100%。キッチントップやレンジフード、家電、冷蔵庫内

部、ドアノブなどどこでも、吹きつけるだけで除菌できます。拭き取りも不要。「看護師時代は、感染対策として手指はもちろん環境整備にも使用していました」

トリガータイプのボトルに入れ、毎日使っています。

●「エバメール」ゲルクリーム（↓p.103）

昔、職場の同僚に連れられて行った500円エステを試したらとてもよかったので、以来ずっと買っています。一般のクリームのベタベタ感が苦手な瀧本さんには、80%が水というゲルクリームの伸びのよさとさっぱりした使い心地が快適。しかも無添加。

「顔だけでなく全身に使います。伸ばしていると角質が落ち、肌も白くなります」

●「近江兄弟社メンターム ワセリン」（↓p.103）

「ワセリンは医療の現場でも使い、皮膚にいいのはわかっていました」

これは夜、顔のお手入れの最後に塗って〝寝じわ〟を予防。そして朝起きると、ソープでしっかり洗顔してから、化粧水と「エバメール」で整えます。メンタームといってもメントール成分は入っていないので、スースーすることはありません。

●「ニトリ」滑り止め加工木製トレイ（↓p.103）

モデルハウスのコーディネート用に近くの「ニトリ」で買い、よかったので、自宅用にも4枚。載せた食器が全然滑りません。ランチョンマット代わりに、このサイズがぴったり。「かなり長く愛用していますが、色も変わらず、手放す理由がどこにもない品」

夫婦の食卓に毎食使用し、あとの2枚は長女夫婦が来た時に。今はワンプレートに食べ物を盛っている孫たちのために、追加購入する日も近いかも。

●「トップ」シミとりレスキュー（→p.103）

出先で服にシミをつけてしまうことが多いという瀧本さんの必需品です。容器も小さいのでいつもバッグにひそませています。付属の吸水シートかウエットティッシュを下に敷き、これでトントンとシミを叩《たた》き出して、最後は濡《ぬ》らした布で拭き取るだけ。

「ファンデーションや口紅、醤油《しょうゆ》なども簡単に取れましたよ。輪ジミも残りません」

実演してくれました。真っ白なハンカチに口紅をグイッ。うわ、大丈夫ですか⁉　ところがこれでトントンすると、まるきりなかったことのように消滅。……魔法でしょうか。

ネットショップのレビューも判断基準

瀧本さんは、ほとんどのものを楽天やアマゾンなどネット上のモールショップで注文します。いろいろ選べる店が地域にないためでもありますが、それに増しての理由は、ネットショップには買った人たちによる評価が記載されているから。

「見た目やメーカー側の宣伝文句より、マイナス面もわかるレビューこそ正直です」

高評価が多いものを買って試し、自分でもよいと思ったらリピートしたり、仕事上でも提案。そうして残ったのは長く使っているものばかりです。ここから、そんなあれこれを。

●使い捨てスリッパ（10足入り）（↓p.104）

来客用スリッパは、ちゃんとしたものをそろえても数年で傷むし、季節感も必要だし。そこで採用したのが、〝シティホテル標準タイプ〟の白いスリッパです。使い捨てはどうかと感じるかもしれませんが、取材で大勢が自宅を訪れる時に清潔なものをさっと出せるのは、瀧本さんの仕事では大切なこと。夏場に素足でも気兼ねなく使ってもらえるし、個包装なので出張にも携帯できます。足裏や甲部分はパイル素材で意外に高級感もあり、足への当たりもソフト。ビジネスホテルにあるペラペラのものとは、なるほどひと味違います。

●「東和産業」洗える食器棚クロス（↓p.104）

表面はコットンのワッフル地、裏にはゴム加工が施された食器棚シートは、160cmのロール状のものを使う場所に合わせて切って使います。瀧本さん宅では食器や調理道具はみんな、防災を考慮した引き出し収納。見せていただくと、どの引き出しにもこれが。マグカップ4個を並べた小さな引き出しにもしっかり敷いてあります。

「じかに置くと衛生面が気になりますし、器の保護にもなります。いろいろ試してきましたが、これは本当に滑らないしよれない。1回は洗って使い、半年くらいで取り替えます」

●「タニタ」デジタル クッキングスケール（↓p.104）

キッチン秤《ばかり》が必要なのは、レシピを見て料理をする時。登場頻度は少ないのですが、だからこそコンパクトに収納できるこの製品がありがたいのだと瀧本さんは言います。薄くて小さいながらも0.1gの微量から量れるのはさすが「タニタ」。いつもはシンク下の引き出しにセットした収納ケースの縁に、秤部分のくぼみを引っかけて立てています。

●「ラソックス」ベーシックカバー（↓p.104）

名称だけ聞いた時は何のことかわかりませんでした。予備を出してもらって、なるほど。日本のスポーツブランドが作っているフットカバーです。足先やかかとだけを覆って靴を履けば隠れる、ごく短い靴下ですね。筆者もときどき使いますが、脱げやすいのが難で。

「これは決して脱げませんよ。かかと部分内側の滑り止めがしっかりしているし、足裏によくフィットするし。何度も洗っても、たるむこともありません」

レビューでの高い評価を見てまず1足だけ買い、今はしじゅうリピート買いするように。試してみたところ本当でした。コットンの素材感もいいうえ、まったく脱げる気がしない！

●「パナソニック」電池がどれでもライト（↓p.105）

この懐中電灯の最大の魅力は、家にあるどんな電池でも使えるということです。単1から単4まで、どれでも1本あれば光が灯《とも》せるのです。いざという時にも頼もしい限り。瀧本さんも防災用として購入し、毎夕の愛犬の散歩で活用しています。

「散歩では持ち歩く物も多いので、片手を通して持てる形状や軽さもいいところ」

防災用品は持っているだけではいけません。ふだんから使い慣れてこそ、です。

●「プラキラ」トライタン ペタルタンブラー（↓p.105）

きらきらと透明感あふれるガラスのタンブラー。と思いきや、トライタンという樹脂でできています。割れない、欠けない、軽い。熱い飲み物もOKですし、電子レンジや食洗機にも対応。まだ小さな3人の孫たちが遊びに来た時も、これなら危なくありません。いくつものガラスコップを駄目にしてきた瀧本さんですが、これは何個も買い足しています。「出会えて本当によかったです。とても綺麗で、ガラスにしか見えないでしょう？」

ピクニックなどアウトドアでも、使い捨てのプラカップなどもうやめて、これにしよう。

●折りたためる「ソフト湯おけ」（↓p.105）

平らにたためば洗面所で吊り下げて収納できる洗面器は、つけ置き洗いなどに使うのに邪魔にならないのがお勧めの理由。長女夫婦と孫たちが泊まる時は、お風呂でも複数の湯おけが必要なので、これが登場。また、災害時にも役立つのではと瀧本さんは考えています。たたんだ時の厚みは3㎝ほど。これもキャンプなどに持っていきたい！

買った人の声を参考にしたり、ピンときたものを試したり。でも最終的には自分自身でジャッジすること。さまざまな人生体験やインテリア志向の蓄積があって、もの選びも筋が通ったものになる。教えてくれた品々に、確かな判断を培《つちか》う経験の大切さを感じました。

7

☑ STORY　☐ ITEM

セレクトショップ「copse」オーナー

小森知佳さん

ITEM → p.106 ～

PROFILE

セレクトショップオーナー、フリーランスライター。インテリアや和の暮らしをテーマに執筆してきた。2010年、ライターの仕事と並行して、東京・石神井にセレクトショップ＆カフェ「コプス」をオープン。東京都練馬区石神井台3-24-39 ロイヤルコトブキ１F ☎03-6913-1544 11:30～17:30 不定休 http://www.copse.biz/

小森知佳さんがオーナーを務めるショップの名は「コプス」。雑木林という意味です。まさに石神井公園がほど近い立地によく合う言葉。住宅地の一角にひっそり佇《たたず》む店の中には、厳選した作家ものの器や伝統の生活道具、天然素材の衣類などが並び、ここもまたさまざまな樹木の間に気持ちのいい木漏れ日さす雑木林のよう。店では定期的に企画展やワークショップを開くほか、カフェも併設しています。

もともとはライターが本業だった小森さんが、衣食住を通して心地いい暮らしを提案しようとこの店を開いたのは11年前。この場所に住むようになってから22年になります。

「公園のあるところに住みたくて、30歳で結婚した時からこのあたりに来ました。農家もあってほどほどに田舎で、いいところだなぁと」

〝このあたり〟と書いたのには理由があります。最初に住んだのは今のマンションとは別の家。フリーライターとして独立し、この土地を楽しみながら暮らすうち、地域の友人も増えてきます。知らなかった街が、自分の街だと思えるようになります。ショップ経営を考えはじめたのはそんな時でした。

「ライターの仕事は続けながら、この場所で、何か暮らしに関わる新しいことを始めてみたくなりました」

石神井公園エリアは環境は申し分なしですが、よそからはるばる訪ねたり、散歩がてら立ち寄ったりできる場所はあまりありません。それなら自分が作ろう。作家ものの器や生活道具には以前から親しんでいました。そうした品々を提案する店に方向を定めたのは、好きなこの土地に新しい魅力を添え、暮らしの楽しみ方を追求したいと思ったから。

40歳で「コプス」をオープンして買いつけや販売、展示会企画、ライター業と忙しく働く中、50歳で円満離婚。けれども小森さんは石神井公園付近を離れることはありません。今はよいパートナーと出会い、公園を目の前にしたヴィンテージマンションでの2人暮らしです。

「振り返ると、10年ごとにターニングポイントを迎えている気がします。今は、お客さまや作り手と長く深く関われるお店の仕事がとても楽しく、毎日が充実しています」

普段使いの道具も、無理のない品が中心です。ショップでは作家ものや手仕事の品を多く置きますが、普段の生活に選ぶのは使って便利なもの。

「ていねいな暮らしに憧れますが、不器用な私が慌ただしい毎日をやり過ごすためのバランスをとるには両方が必要。だから工業的な製品もわりと好きです。無駄を削《そ》いだ綺麗《きれい》なデザインで、機能がよく、コスト的にも優れたものが多いですから」

コストパフォーマンスも優れた生活道具

では、仕事や生活で便利な道具から。

●**「サニーフィールズ」サイクルコート**（↓p.106）

「コプス」までは自宅から自転車で10分ちょっと。小森さんは雨の日も〝ぶっ飛ばして〟います。そこで必要なのがレインポンチョ。以前は丈の短い品を使っていましたが、カバー力が足りず、どうしても服が濡《ぬ》れてしまいます。たまたまのぞいた雑貨店で見つけたのが、着丈90㎝以上あるこの製品。フードもしっかり深いうえ、自転車かごもカバー。どんな強い雨でも問題ありません。手出し口や風を通す通気口もあり、夏も蒸れにくいようです。

●**「エルモア」ピコティシュー10％増量**（↓p.107）

たいていのティッシュペーパーは160組や180組ですが、これは200組が標準。かつ小森さんが買うのは10％増量の220組入りです。

「量の多さと安さが魅力です。少ないとすぐなくなっちゃうから。紙質もいいですよ」

箱のデザインはちょっとアレなので、ステンレスのカバーをかぶせて使用。

●**「NIKE」イヤーフラップ付きキャップ**（↓p.107）

5、6年前から健康維持のため、週2日はジョギング、ほかの日も必ず散歩に出るようにしている小森さん。公園の緑を眺めつつ、ぐるっと一周すると3～4㎞になります。スタート当時に百貨店のジョギングアイテム売り場で見つけたキャップは、日よけ兼「走ることに気持ちを集中させるため」。寒い季節はイヤーフラップを下げれば、耳や首の後ろがすっぽり覆われて暖かです。

●「BoYata」ノートパソコンスタンド（↓p.107）

ノートパソコンをそのままデスクに置いて使っていると首が下向きになり、両肩も猫背になって血流によくないそうです。目線を上げるためのパソコンスタンドには各種ありますが、これは実にシンプルな構造。２本の細い支持体と2本の脚を組み合わせただけのデザインなのに、パソコンを予想以上にしっかり固定します。しかも、たためば1本の棒状に。「彼が使っているのを見て私も。無駄のない綺麗なデザインは、やはりいいですよね」

●「ZARA」バスタオル（↓p.107）

環境にやさしい栽培方法のコットンを使ったバスタオルです。いろいろ使ってきた中、2年ほど前からこれに決めたとか。「ある程度、ふわふわしているタオルが好み。これはちょうどいいふわふわ感です」サイズは大きめで価格はお手頃。何度も洗ってもくたびれません。パートナーと色違いで使っています。

「生活クラブ生協」で扱う品も活用

小森さんは「生活クラブ生協」の愛用者です。10年ほど前に食材の宅配から始め、最近は近くの生活クラブの店舗「デポー」を利用していますが、カタログを見て調理器具や掃除道具などを注文するのは、今でもしばしば。

「厳しいガイドラインを経て販売しているので、どれも安心です。もちろん自分には合わなかったものもありますけれど」

ここからは、キッチンまわりの品などを教えていただきましょう。「生活クラブ生協」で買ったものも活躍しています。

●「無印良品」ウレタンフォーム三層スポンジ3個入り（↓p.108）

ウレタンの硬い感じが好きで愛用している品。両面の素材が違い、硬く粗い側はたわしとして鍋などをゴシゴシ洗うのによく、反対側の柔らかいほうは食器洗いに。と、ここまでは誰でもやっていそうなことですが、独特なのは、半分に切って使っているということ。

「正方形にすると手のひらに納まりやすく、ベストな感じ。うちの石けんトレイのサイズにも合うし、シンクにちょっと置いても邪魔になりません」

1パック3個入りが6個に増えるのもうれしいかも。

●「貝印」SELECT100おろし器（↓p.108）

傾斜のついた受け皿に、おろしプレートをはめ込むタイプ。角度があって力をかけやすく、滑り止めがついた底もずれることがありません。しかも受け皿内に入れる水きりネット付き。おろした大根の余分な水分が自然ときれます。

「プラスチックなのにすごい切れ味なんです。たくさん大根をおろしたい時にとてもラク。ジンジャーシロップを作る時も、大量のショウガをひたすらおろしています」

●「下村企販」生ごみスタンド（↓p.108）

「生活クラブ生協」で買った品です。見れば、サイズの違う2つのリングを上下に連結しただけのシンプルな形。1本のステンレス棒を曲げて作ってあり、高さは18㎝。いったいこれがどうやったら生ごみ入れに？

簡単でした。スーパーの食品用無料ポリ袋を上のリングに引っかけるだけ。調理中に出たごみをポイポイと入れ、毎食後に口をくくってごみ袋へ。市販の水きり袋をセットしてシンク内で使えますが、小森さんは生ごみが水けに触れるのが嫌なので、ポリ袋派。いつもキッチントップに置いています。

●「キプロスター」業務用アルミフライパン（↓p.108）

内径18㎝の小ぶりなフライパンは、厚いアルミでできた業務用。毎日使っています。

実は現在のパートナーは料理好き。今はオムレツ作りに凝っていて、セットで使うシリコンへラとともにユーチューブで紹介されているのを見つけました。卵2、3個分のオムレツを作るのに非常に使いやすいそうです。

「業務用らしいシンプルさが気に入っています。フッ素樹脂加工で焦げつきもありません」

当然、炒め物や目玉焼きにもフル活用している品です。

●「iwaki」蓋付きプリンカップ（→p.109）

蓋《ふた》付きの耐熱ガラス容器です。これも「生活クラブ生協」で購入しました。プリンカップの名称どおり、プリンサイズ。けれどプリンは作りません。ちょっと残ったおかずや刻んだ薬味、たれなどを入れて保存する用です。蓋があるからラップなども不要。そのまま電子レンジで温めることもできます。こういうサイズの耐熱ガラスカップはよく見かけますが、蓋があることの意味は大きい！　調味料を混ぜたり、片栗粉や卵を溶いたりと、料理の下ごしらえにも便利です。

●「キシマ」コードリール（→p.109）

お話を聞きながら、ふと上を見て気づきました。ペンダントライトの長すぎるコードを巻いて留める小さな器具。ミシン用のボビンにも似た形です。これも道具ですよね。

「電気コードって結んではいけないんですよね。それでネットであれこれ検索して、目立ちすぎないものを選びました。これも何げないけどスグレモノです」

アンティークっぽい渋めの色味は、シェードやコードの色ともよく合っています。

正直なところ、うかがうまではショップに並ぶような手仕事の道具が多いのかと思っていました。けれど紹介してくれたのは、誰にとっても便利な日常の品々。デザインと機能、そしてしっかりコストを重視して使い続ける道具には、地に足のついた生活の確かさがありました。

8

☑ STORY　☐ ITEM

洋服屋「mon Sakata」店主兼デザイナー

坂田敏子さん

ITEM → p.110 ～

PROFILE

グラフィックデザイン事務所で働いたのち結婚。1977年、夫の坂田和實さんの「古道具坂田」の一角に子ども服を置いたのが始まり。その後、現在の店で大人服中心に扱う。全国にファンが多く、各地のギャラリーで展示会も行っている。東京都新宿区下落合3-21-6 ☎ 03-3952-5292　11:00～19:00　日・月曜定休　http://www.monsakata.com/

「mon Sakata」の服が大好きです。シンプルで素材がよく、とても着心地がいい。それだけではありません。直線的で飾りけのないプレーンなデザインと見えながら、ひねりをきかせた楽しい仕掛けがいろいろ。上下や前後をひっくり返せたり、不思議な位置にポケットがあったり、薄手ニットの長〜い袖はクシュクシュまくって重ね着の色を見せればまた別の表情に。自然の中からすくい取ったような、ニュアンスのある色使いも素敵です。素材と形と色の妙で、カジュアルな中にどこかアバンギャルドな雰囲気を醸し出す、坂田敏子さんにしか作れない服。店舗は東京・目白の1カ所だけですが、熱烈なファンは全国に広がり、各地のギャラリーでの展示会を心待ちにする人が大勢います。

服作りを専門的に学んだことはない坂田さん。渋谷で育ち、10代の頃から自分なりのおしゃれを楽しんできたといいます。大学卒業後の2年間グラフィックデザインの仕事をし、結婚後はご主人の古道具店を手伝いながら子育て。ところが、誕生した息子さんに着せたい微妙な色合いの服はあまり売られていません。そこで最初は市販のTシャツなどを染め、徐々に自分なりのデザインで作るようになりました。

ここで坂田さんの伴侶のこともお話しする必要があります。坂田和實さんは、〝骨董〟の概念に大きな一石を投じ、現在の古道具やアンティークの見方・考え方を作ってきた一人です。目白に「古道具坂田」を開いたのは1973年。世界各地の人々が仕事や生活の中で使ってきた道具にひそむ美を伝えてきました。それは時には使い古した農工具や錆《さ》びて歪《ゆが》んだ金属部品、割れた陶器のかけら、朽ちかけた戸板……。屋外にあれば粗大ごみと思われかねない品も、見合った場に据えれば実に深々《ふかぶか》とした美しさを放つのだと、多くの人が和實さんの眼を通して知りました。

そんなご主人と長年、美意識を共有してきたことも、坂田さんの服のさりげないようでキラリと光るセンスにつながっているのかもしれません。

１９７７年、「古道具坂田」の一角を借りて子ども服を並べ、「ｍｏｎ Ｓａｋａｔａ」はスタートしました。ブランド名は当時2歳だった息子さんの名「彩門」が由来です。６年後には現在の場所に店舗を持ち、ユニセックスな大人向けの服が中心に。オリジナルの服を世に問うて45年、坂田さんは今も変わらず布や糸や色を愛し、シーズンごとの新たな楽しいデザインを探求し続けています。

なんでもないもの、だから使い回せる

「夫婦それぞれお店があって、ずっと忙しくしてきたので家はシンプルに。お互い、好きでしていることだとわかっていますしね。コンパクトな住まいで、ものは少なく、食器に作家さんのものを使用する程度です」

そう話す坂田さんですが、だからこそラクに使えるもの、これさえあれば大丈夫というものを手許《てもと》に置いてきたともいえます。見せていただいたのは、本当に長く愛用しているものばかり。ご主人が手に入れた品や、どこで買ったかすでにわからない品も多数です。

●**アルミのバケツ**（↓p.110）

家には3つ、バケツがあります。特に気に入っているのが、ご主人が持ってきた木の持ち手がついたものです。内側には目盛りもあり、小学校の給食用だったのか……。

傘立てや物入れとしても使いますが、最も出番が多いのは花入れとして。買ってきた切り花をばさっと入れるだけでさまになります。

「下手に古い土器なんかに入れると、やめろって言われるのよ。バケツがいちばん！って。頑固なんですよ。でも確かにバケツが合う。構えなくてすむの。気張らず自由に飾れます」

●**安全ピン**（↓p.111）

普通の安全ピンです。どこにでも売っています。あまりにも身近すぎて、道具として認識したこともありませんでした。けれど、考えてみるともう何年も、安全ピンに触る場面はほとんどなかった気がします。クリーニングから戻った衣類の札をはずす時と、仕事先で名札や腕章をつける時くらいでしょうか。

ところが坂田さんは毎日のように使っているそう。服を留めるためです。お訪ねした日は、前に布の重なりがあるスカートが開きすぎないよう、膝《ひざ》のあたりで内側からピン留め。

「ステッチやスナップで留めると縫い目が表に出て目立ってしまうのが嫌なんです。そういう時は安全ピンの出番」

また、最近は体形が細くなり、服がもたついてしまうことも。ちょっとタックを入れて安全ピンで留めると、体に沿うだけでなく、見た目にも変化がつけられます。もちろんストールなどを形よく巻いて固定するにも便利。

家のあちこちにあるはずの安全ピン。こんなにも活躍するものだったとは！

もうひとつ、坂田さんはブローチピンも使います。胸元のシックなブローチは〝なんでもない陶片〟の裏にピンをつけたものでした。

●和紙（→p.111）

丈夫で薄い雁皮《がんぴ》紙などの和紙数種類。これもご主人が買った品で、1994年に千葉県に建てた小さな美術館「as it is」で和室の照明器具を作るのに使いました。破れるたびに貼って直しています。そして住まいでも障子紙が傷んだら、坂田さんがこれで修復。

「頼んでいた経師《きょうじ》屋さんが辞めてしまったので、自分でペタペタ貼っています。売っている場所が少ないんですが、修復用としては、これだけあればまず大丈夫」

●「無印良品」長さを調節できる細幅ベルト（→p.111）

これはだいぶ前からの愛用品。使い心地がよくて買い足し、今は黒、ダークブラウンなど数本を持っているとか。バックルのデザインもシンプルですが、坂田さんはベルトを表に見せるよりは、ウエストに安定させるために使うと言います。

「いつもゆるっとしたメンズサイズのパンツをはくので、ウエストを絞るのにこういうものが必要。これは幅が細く、絞りやすいんです」

長さは105㎝もある品。切って短くし、穴も増やして使っています。

●**炭**（↓p.111）
作家ものの陶器に入っていた黒いものは、艶《つや》やかなウバメガシの備長炭でした。

「昔から炭も焚《た》き火も好きなんです。火を見ているとなんだかウキウキするでしょう?」

子どもの頃は渋谷の家でも炬燵《こたつ》や火鉢に炭を使っていたそうですし、中学・高校では率先してストーブ当番に。現代では都市部でそんなふうに実際の火を燃やすことはできません。それが残念で、数十年前から炭だけを部屋に置くようになったのだといいます。消臭や湿気取りの効果を期待して、住んでいるマンションでは玄関やあまり使わない和室に配置。燃やせない炭を、道具として生かしているわけです。

当たり前に使われてきたはずの手の仕事

キッチンでの愛着道具は、職人仕事の伝統的なものです。

「昔から使われてきたものはやはり便利だし飽きません。これはいつも使う鍋とザルです」

●雪平鍋（↓p.112）

いくつもある中、よく使う3つ。口径が18㎝強と15㎝の2つは野菜を茹《ゆ》でたり、カボチャや里芋を煮たり。うどんを作るのもこのどちらか。アルミ打ち出しで熱伝導率がよく、調理もスピーディです。近所の荒物屋でしばしば買い替えて、今使っているのは2、3年目。口径13㎝ほどの小さな鍋は個人の工房で作っていて、深い鋭角の注ぎ口が特徴。6年ほど前に81ページの小森さんの店で買いました。少量の茹でものやソース作り、1人分のお味噌汁用に。「家には大きい鍋もあるけれど、大勢で集まることもなくなってきた今は、この3つと小さなフライパンで充分」

「古道具坂田」は、ご主人の体調不良から2020年に閉店しました。坂田さんは加療を続けるご主人を気遣いながら、一人で食事をする日も多くなりました。けれど、使い慣れたこの3つの鍋があれば、手早く調理でき、ご主人の好きな牛乳もおいしく温められるのです。

●竹のザル（↓p.112）

展示会で出向くギャラリーで見つけたり、荒物屋で買ったりして、大小さまざまを使い分けている竹ザル。いっときはステンレス製も使ったそうですが、竹に戻ったのは水分を吸うからベタつかず、水きれもよく、食材にもやさしいから。果物かごとしてテーブルに置くのにも、ステンレスでは成り立ちません。

秀逸なのが、深い形の米研ぎザルです。竹を丸く編んだザルの多くは、菊底編みといって、底の部分から放射状に組んだ竹にヒゴを編み込んでいきます。しかしこのザルは底は目の詰まった網代《あじろ》底編み。だから米粒が詰まったり抜け落ちたりしません。米研ぎに使っているのは2～3合用。筆者自身も体験していますが、米を入れたザルを水に浸して研ぎ、よい頃合いで持ち上げればザッと一気に水がきれるのは気持ちいいくらい。20年あまり前から何人もの人に勧められました。それでも買わなかったのは、炊飯器の内釜で研ぐほうがラクだから。けれど、職人の仕事を守るのは使う人の存在。すみません。近々買います。

ほかのいくつもの菊底編みのザルは、野菜を洗ったあとの水きり用です。直径13㎝ほどの小さな品はちょっとの量のミョウガや絹さやなどに。長く使ううちに色もいい雰囲気に変わってきました。壊れかけているものもありますが、親しんだ品だから大切に使います。

今はあまりものを買うことはなくなったという坂田さん。銅鍋やよい刃物を見るのは大好きですが、街から昔ながらの荒物屋が姿を消す昨今、直接見て買える機会が少なくなったことを憂えます。「作家のものは新鮮な驚きを与えてくれますが、作為なく淡々と作られたものもとてもいい。私の服作りもまだいろいろ寄り道していますが、いつかそうなれたらいいなあって」。けれども、気張らす、かっこつけず、あれこれと使い回せて毎日の生活にすっと寄り添う、その感性はデザインする服にも使い続ける道具にも一貫しています。

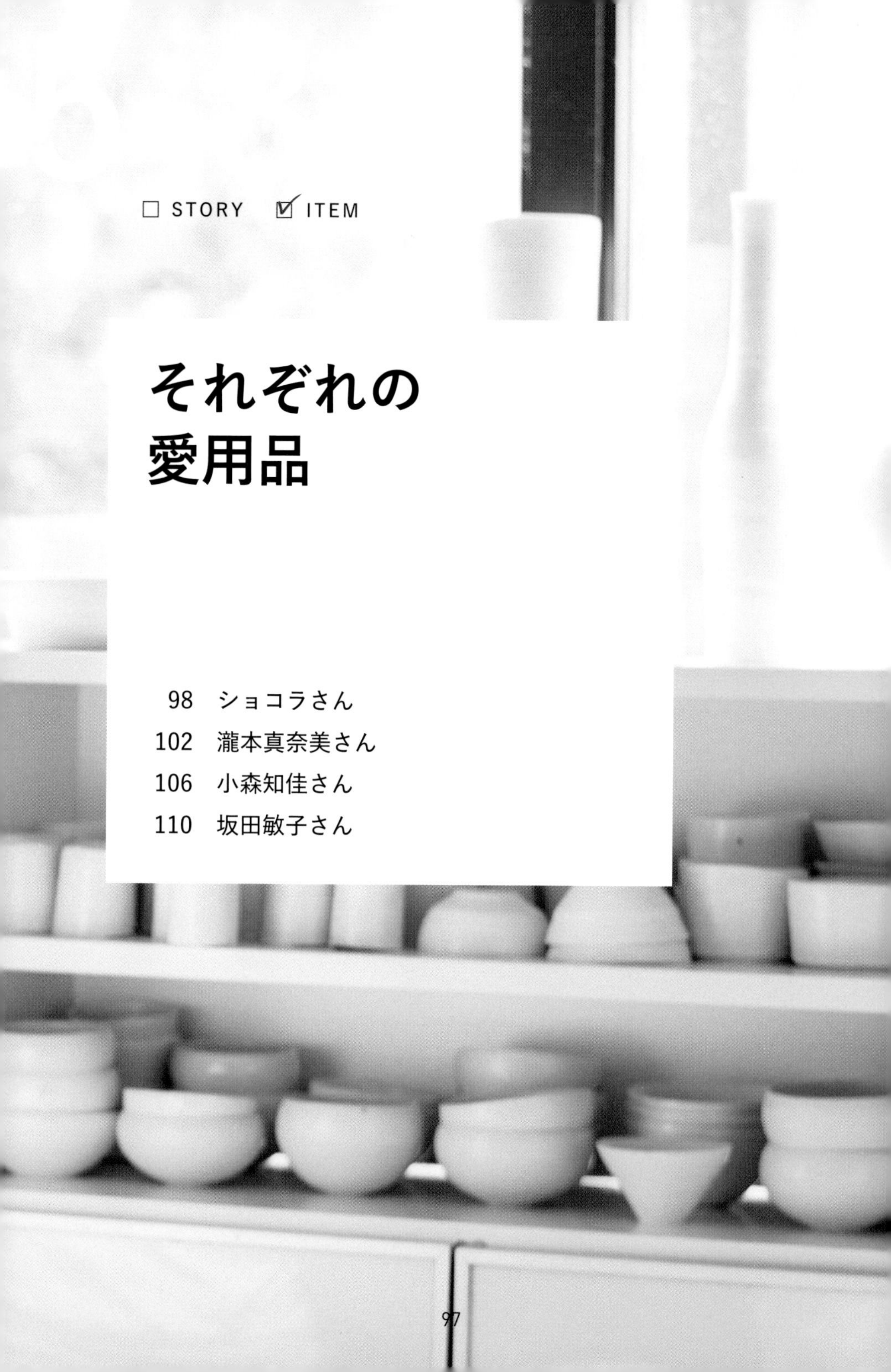

□ STORY　☑ ITEM

それぞれの愛用品

ショコラさんの愛用品 5

STORY → p.65 ～

46歳で購入したマンションは、窓が広くて明るい。年金が確保できるようになった今も、週４日は呉服問屋の仕事に出るのは楽しみのひとつ。休みの日は自転車で近所の喫茶店を巡ったり、神社仏閣を訪ねる小旅行に出たり。

「三菱鉛筆」
ジェットストリーム

0.5㎜という細さと書きやすさがいい。日々の備忘録もこれで記入する。軸色は長年、白×グレーを使っていたが、最近ピンクに。132円。

「パール金属」アルミミルクパン
「ダイソー」フライパン

直径14㎝のミルクパンは合羽橋で購入(現在は生産終了)。直径20㎝のフライパンは330円。１人分のちょっとした料理には、これで充分。

「フランフラン」
ピーニュ キッチンディスペンサー

食器用洗剤を入れ替えるだけでなく、スポンジもすっきりセットできる。数色あるが、ショコラさんのものはマットホワイト。容量350㎖、1600円。

馬毛の歯ブラシ

職人が作るブラシの老舗「かなや刷子」の品。使うにつれて柔らかくなじみ、歯茎マッサージにもいい。363円。予備も常に用意してある。

「ダイソー」
COB炎／白切替伸縮ランタン

単４電池３本で、白色光なら約５時間、炎光ではなんと約20時間もつ。この性能で330円は驚異的。発売時は売り切れ店が続出したとか。

「ユニクロ」ブラキャミソール

吸汗・速乾性に優れた「エアリズム」のものを一年中使っている。黒を中心に6枚持っていて、毎年古いものから2枚ずつ更新。1990円。

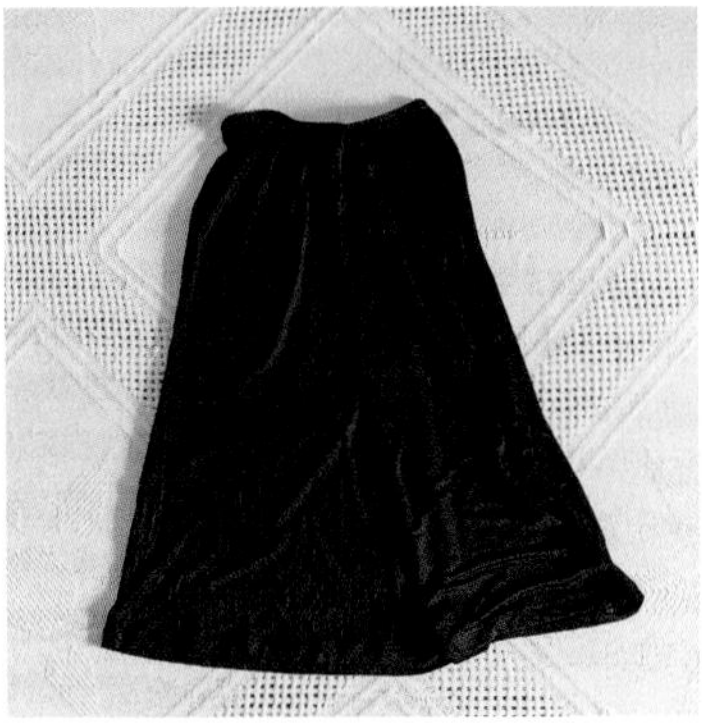

シルクのペチコート

京都にある「ルルル」という会社による上質なシルクインナー。足さばきも肌触りもいい。長さ56cm。洗濯機でどしどし洗える。5500円。

「ユニクロ」
ウルトラライトダウンパーカ

正社員を辞めた2013年に購入。腰までの長さや、ウエストをちょっと絞れるのが気に入った。フードもついて暖かい。※現在この型は販売終了

「ニトリ」着る毛布

冬の部屋着に愛用して、今は4年目。ふわふわのフリース素材がとても暖かい。春から秋は同柄の付属袋に入れればクッションになる。1990円。

シルクのストール

30年ほど前、夏のワンピースに羽織ろうと買ったフランス製。バーゲン価格で6800円くらい。購入場所の「プランタン銀座」は、2016年に閉店。

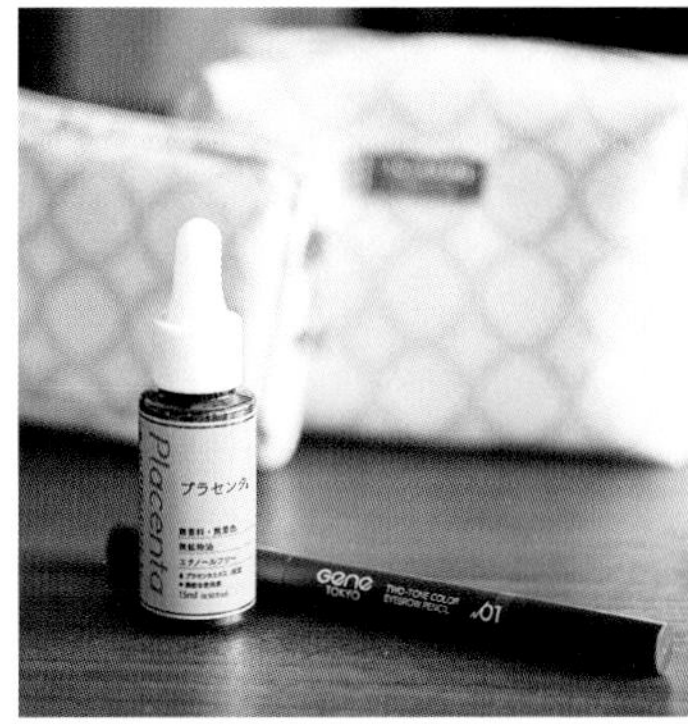

**「ダイソー」
プラセンタ美容液**

まとめ買いするのにも、100円なら迷いはない。ほかにコラーゲンやヒアルロン酸、ローヤルゼリーなどの美容液もあるが、ショコラさんはこれ。

「箸方化粧品」

無添加で肌に穏やか。安いからたっぷり重ねづけする。美白化粧水1210円、美容クリーム605円、化粧落とし660円、うるおい石鹸396円など。

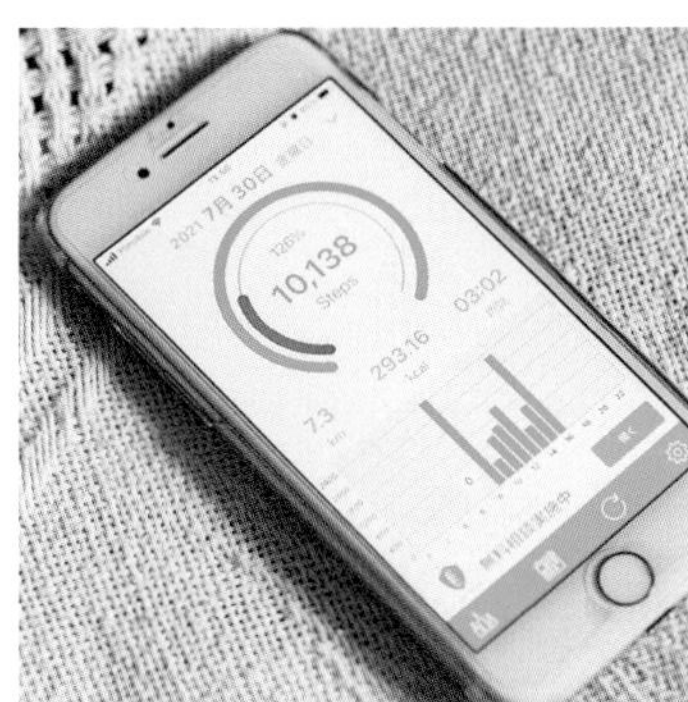

「毎日歩こう歩数計Maipo」

スマホ用無料アプリ。1日の総歩数、時間帯別の歩数、消費カロリー、距離と時間などを自動的に記録。ポケットに入れたまま使えるのもいい。

瀧本真奈美さんの愛用品 6

STORY → p.73 ～

リビングの棚もごらんのとおり、何がどこにあるか誰が見てもわかるよう整理。道具類は白を基本カラーにしている。棚の上にはキャンドルなどを飾り、どんなに忙しくても、さりげないディスプレイの楽しみは欠かさない。

「カビキラー」
キッチン用アルコール除菌
（スプレーボトル）
ガンボトル
霧吹きトリガータイプ

吹きつけるだけで99.99％除菌するアルコール除菌剤は350mℓの詰め替え用を買う。アルコール製剤ＯＫのボトルは容量500mℓ。264円。

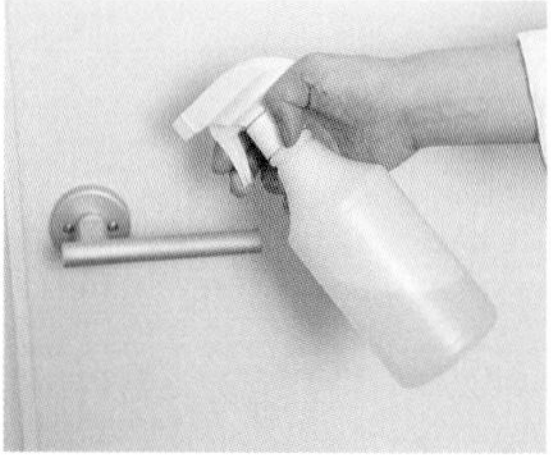

「ニトリ」
滑り止め加工木製トレイ

ヤナギの木目を生かした浅いトレイ。食器がまったく滑らない。3サイズある中、43×33cmのLをランチョンマット代わりに使う。999円。

「エバメール」
ゲルクリーム

約80%が水でできたクリーム。するするとよく伸び、無臭なのも気に入っている。500gのポンプタイプは8800円。詰め替え用もある。

「トップ」
シミとりレスキュー

衣類についた油性・水性のシミが簡単に取れる。バッグに入れておくのにちょうどいい大きさ。17mℓ入り、吸水シート5枚付き。

「近江兄弟社メンターム
ワセリン」

無香料・無着色の柔らかなワセリン。60g。皮膚や唇の保護に赤ちゃんから大人まで使える。瀧本さんは毎晩、寝る前のお手入れの仕上げに。

「タニタ」
デジタル クッキングスケール

0.1gから3kgまで計量可能。ものを置く面が大きく、数字も見やすい。薄く収納しやすいのもよい点。KD-320ホワイト 4176円(編集部調べ)。

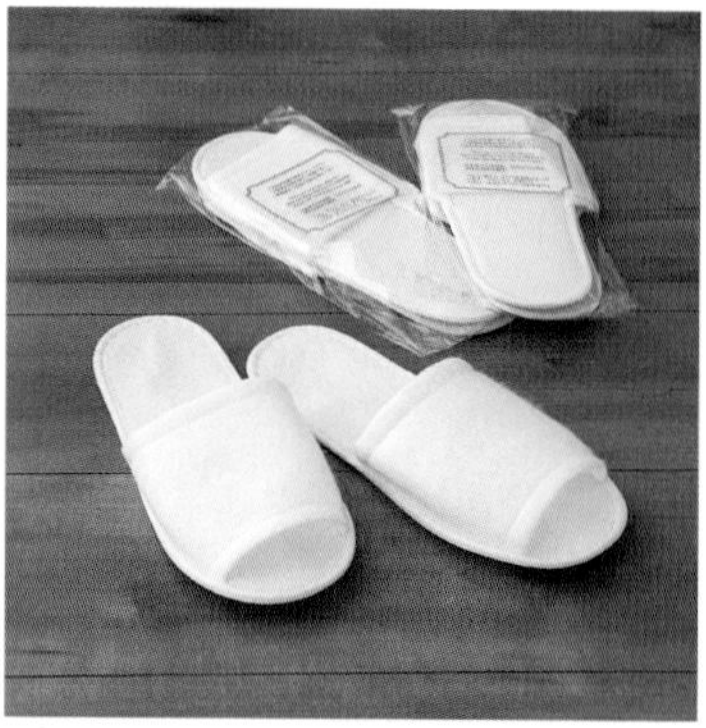

使い捨てスリッパ
(10足入り)

シティホテル標準タイプで、ポリエステルパイルと履き心地がいい。「ホテルアメニティ スリッパ」などで検索すると10足入り1400円程度。

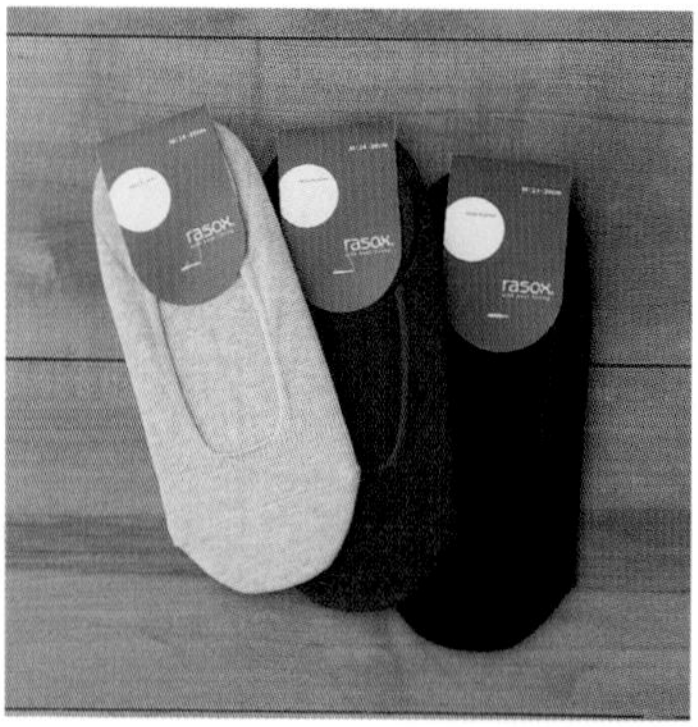

「ラソックス」ベーシックカバー

締めつけ感が少ないのによくフィットし、決して脱げないフットカバー。ぺたんこシューズやスニーカーの時に履く。1足1430円の価値はある。

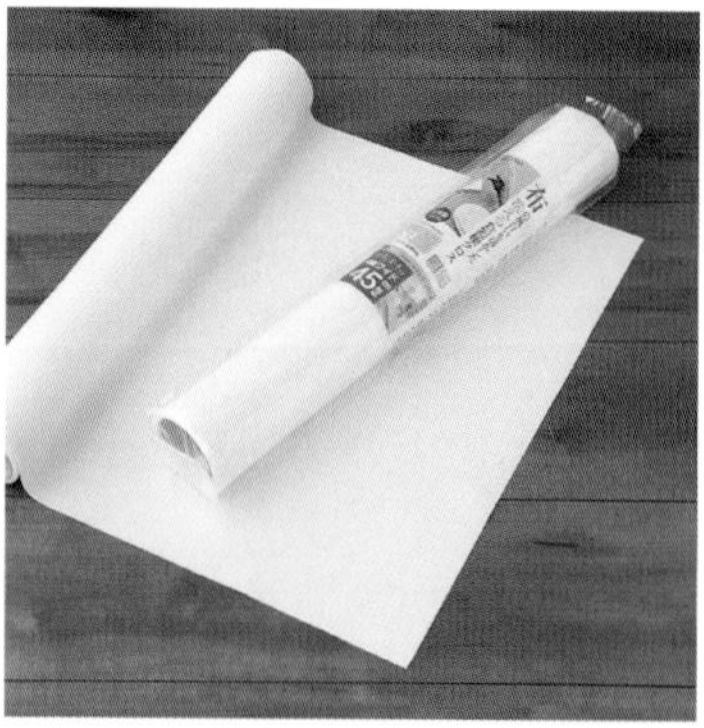

「東和産業」洗える食器棚クロス

ワッフル織りの布を使った食器棚敷き。裏は全面滑り止め加工が施されている。もちろん抗菌防臭加工も。44.5×160㎝で1280円。

**「プラキラ」
トライタン ペタルタンブラー**

見た目はまるでガラスのような樹脂タンブラーは、−20℃から100℃まで対応。７色あるが、瀧本さんはいつもクリアを選ぶ。660円。日本製。

**「パナソニック」LED懐中電灯
電池がどれでもライト**

単１から単４までどの電池でも１本で点灯でき、最長で約86時間もつ懐中電灯。軽く、持ち手が大きく、単４電池でもちゃんと明るい。

折りたためる

「ISETO」ソフト湯おけ

直径25.3㎝、高さ9.2㎝あり、つけ置き洗いなどに充分な大きさ。たたむと厚さはわずか3.3㎝に。フックにかけて収納できる。1280円。

小森知佳さんの愛用品

7

STORY → p.81 ～

今のマンションで２人暮らしを始めたのは2021年から。窓から眺める中庭の緑が清々《すがすが》しい。春には桜も綺麗《きれい》だそう。習いはじめたチェロは、パートナーとの共通の趣味。この窓辺で一緒に練習するのも、日課のひとつになった。

「サニーフィールズ」
サイクルコート

収納ポーチもついて6050円。以前のレインポンチョが機能不足で困っていた時、たまたま入った店で購入。可愛すぎないリンゴ柄もいい。

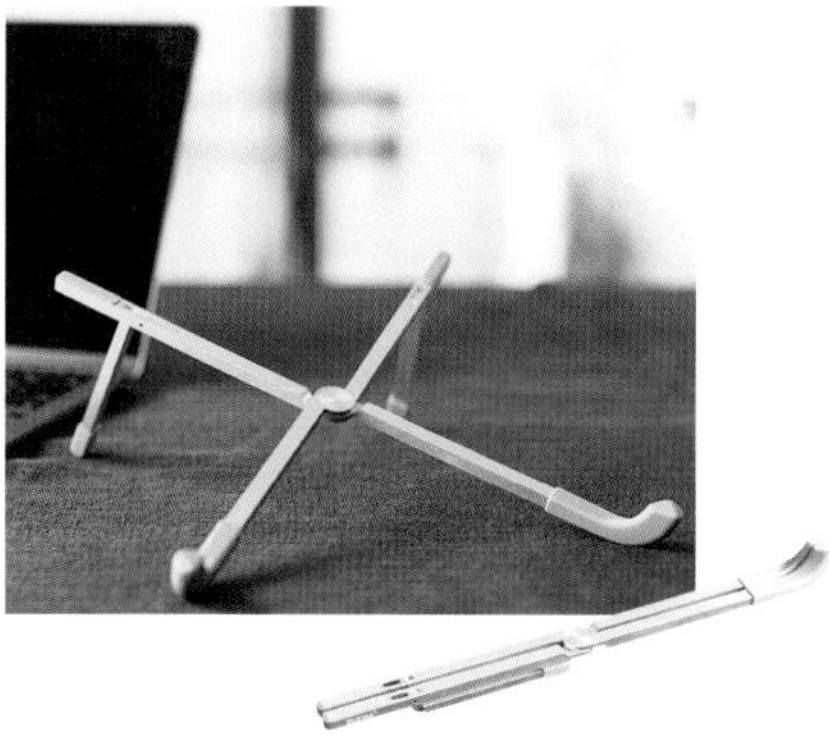

「BoYata」
ノートパソコンスタンド

17インチ以下のノートパソコンに対応。人間工学を考えた角度で疲れない。アルミ製で放熱効果もある。たためばコンパクトに。2500円で購入。

「エルモア」
ピコティシュー

いつもスーパー「LIFE」で買っている。10％増量のものは220組入り。５箱で305円というコストパフォーマンスのよさから愛用品になった。

「ZARA」バスタオル

「エコロジカルグロウン コットンタオル」シリーズのひとつ。環境負荷の少ないコットンを50％以上使用。70×140cmと大きめ。1990円。

「NIKE」Dri-FIT
イヤーフラップ付きキャップ

７年ほど前に「池袋西武」のジョギングアイテム売り場で買った。耳から首の後ろまでカバーするフラップは暑い時は内側へ。4000円前後。

「下村企販」生ごみスタンド ポリ袋ホルダー丸型

直径13cmと15.5cmのリングが高さ18cmでつながったごくシンプルな形状。手持ちのポリ袋などを写真のようにセットして使う。880円。

「無印良品」ウレタンフォーム三層スポンジ３個入り

不織布と気泡の大きさが違う２種のウレタンフォームを層にしたスポンジは３個入り299円。白だと汚れもよくわかり、泡立ちも水きれもいい。

「KIPROSTAR」業務用アルミフライパン

厨房用品メーカーの品で使いやすい内径18cm。業務用だけに厚くて丈夫。1680円。一緒に使うのは「下村工業」のシリコンヘラ1100円（参考価格）。

「貝印」SELECT100 おろし器（受け皿付き）

高性能なおろしプレートを、力を込めやすい７度の角度でセット。太い大根もどんどんおろせる。受け皿には水きりネット付き。1760円。

「iwaki」蓋《ふた》付きプリンカップ

耐熱ガラスのカップは口径7.5cm、深さ5.8cmで、用途多彩。セットで購入。付属の蓋も140°CまでOKなので、そのまま電子レンジにも。

「キシマ」コードリール

ネットショップを探して見つけた品。コードを巻きつけるのも簡単。使用しているアンティークブラックのほか、オートミール色もある。880円。

坂田敏子さんの愛用品 8

STORY → p.89 ～

住まいでも常に何げない風情の花を飾る坂田さん。懇意の花屋で買った秋草のいろいろに庭の水引草を添えて、バケツに。身につけているのは自身でデザインする「mon Sakata」の服。着心地のよさが見た目からも伝わる。

アルミのバケツ

ご主人の坂田和實さんがどこかで手に入れた古道具だが、それからすでに20年以上。掃除などには使わず、切り花や鉢植えを入れる。

**「無印良品」
長さを調節できる細幅ベルト**

シンプルな細幅の革ベルトは、重ね着を楽しむ装いにも重宝する。坂田さんは長年使い続けてよさを実感し、何本も買い足している。2900円。

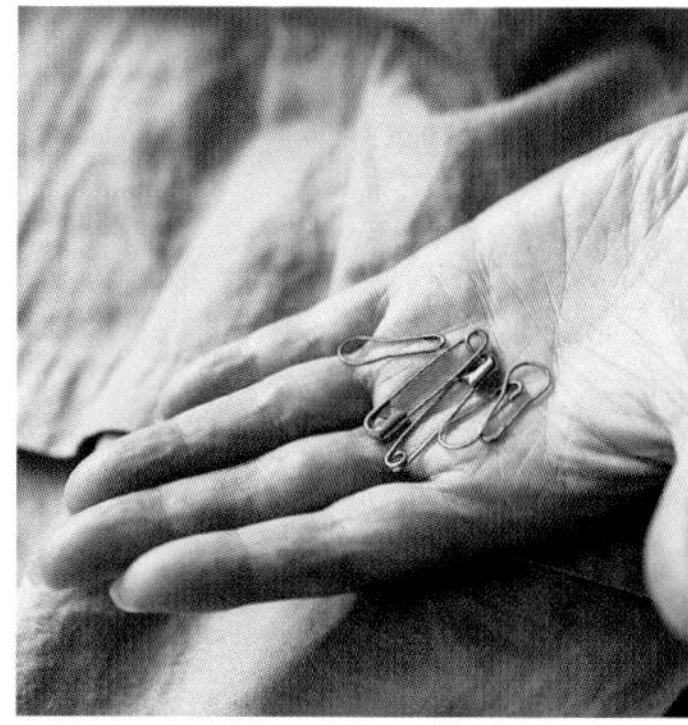

安全ピン

安全ピンは何かについていたものなどを使用。100円ショップなどで買える。「昔からのこの形は、本当にうまくできていて使いやすいんです」

炭

炭の中でも硬さ、火持ち、艶《つや》のある美しさなどから最高級品に位置づけられるのが、ウバメガシで作る紀州備長炭。10本2000円くらい。

和紙

雁皮《がんぴ》紙を中心にした和紙は「『東急ハンズ』で買ったものかも」。手漉《す》き・機械漉きなどのランクによって、630×980㎜で1000円程度から。

打ち出し雪平鍋

口径18.5㎝と15㎝のものは荒物屋で2000円程度。いちばん小さいものは「鍛金工房WESTSIDE33」製。5000円前後。現在、「コプス」では取り扱いなし。

竹のザル

左が米研ぎザル。米粒が詰まらない緻密な作り。4000円程度から。ほかはあちらこちらで見つけて買ってきた品で1000円前後からさまざま。

Editor's Favorite Item

筆者の愛用品

最後にご紹介するのは、みなさんをお訪ねした筆者である私自身が使っている品です。お話をうかがっていく中、日々の自分の暮らしになくてはならないものに目がいきました。

仕事では、家でパソコンに向かうだけでなく取材や出張に出ます。小さな畑では野菜を長年育てていますし、頼まれれば菜園作りや荒れ庭の整備などに出向くこともあります。もちろん家事もしなければなりません。そんなさまざまな生活の場面に必須であり、数十年と使い続けている品々。その一部を挙げてみました。

筆者の愛用品 **仕事編**

腕時計

普段は腕時計はつけません。なんとなく邪魔だから。けれど時間に制約のある取材では必要です。それで10年あまり前から、「カシオ」MQ-24-7B2LLJHという品を使っています。メンズ仕様でとにかく見やすい。文字盤を内側にして右腕につけておけば、メモなど取りながら、相手に意識されぬようさりげなく時刻が確認できます。防水で安いので、野山など、多少荒々しい現場でも気になりません。ホームセンターなどでは1600円前後。電池交換もできます。

筆記用具

筆記具は「ゼブラ サラサ0.5㎜」に決めています。ペンを強く握ってしまう私の場合、書き味が硬いと手に響き、腱鞘《けんしょう》炎を起こしたことも…。このジェルインクのスルスルした書き心地には感動しました。たぶん2000年の発売時から愛用しているかも。選ぶ色は黒・ブルーブラック・赤。１本100円前後ですが、芯だけ買って入れ替えながら10本ほど常備しています。またノートは「コクヨ コロレーB５」。透明な表紙に地図や資料などを挟めて便利。かつ５色あって、仕事先別に分類できます。50枚という厚みも持ち歩くのに重くなく、持ったまま書くにもほどよいです。しかし！ 数年前に生産中止に。まだ扱っているサイトを探し、今は15冊ほどストックしています。

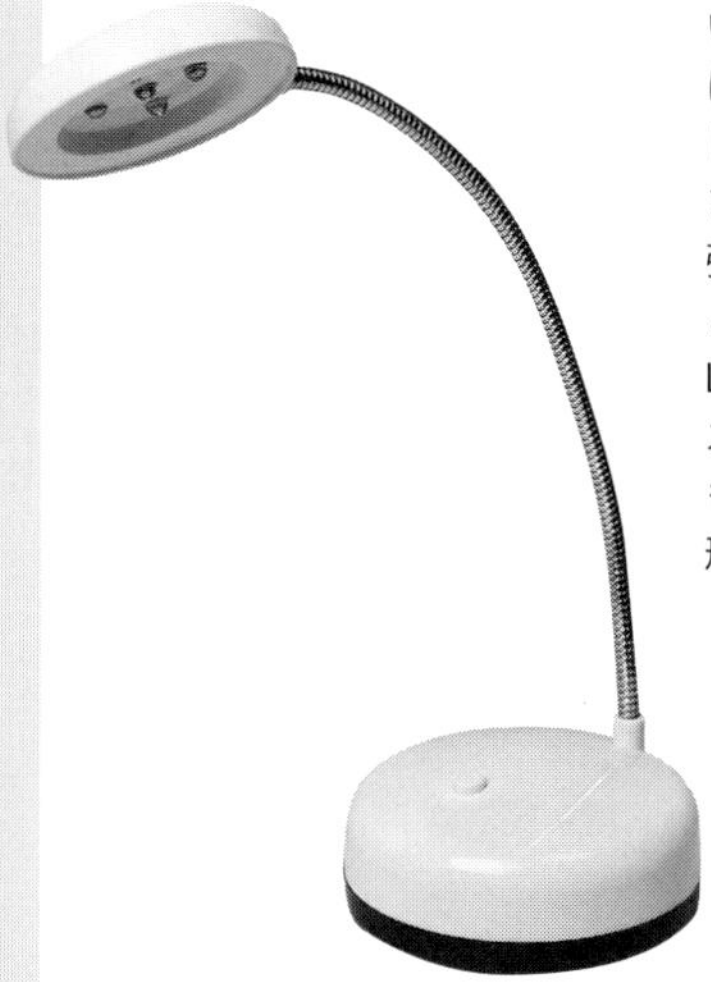

いつも何か読みながら寝ています。でも旅館は天井の照明だけですし、ホテルもぼんやりした灯《あか》りしかない所が多数。必ず小さなスタンドライトを持っていきます。わりと値段の張る品などさまざま使い、７年ほど前にやっと満足できたのが、「ダイソー」で100円の５LEDスタンド。開いた文庫本全体を照らせるスポット照射がちょうどいい。アームの角度も自在で、丸めれば衣類のすき間に入ります。形状の似た商品なら今も扱っているようです。

出張の必需品

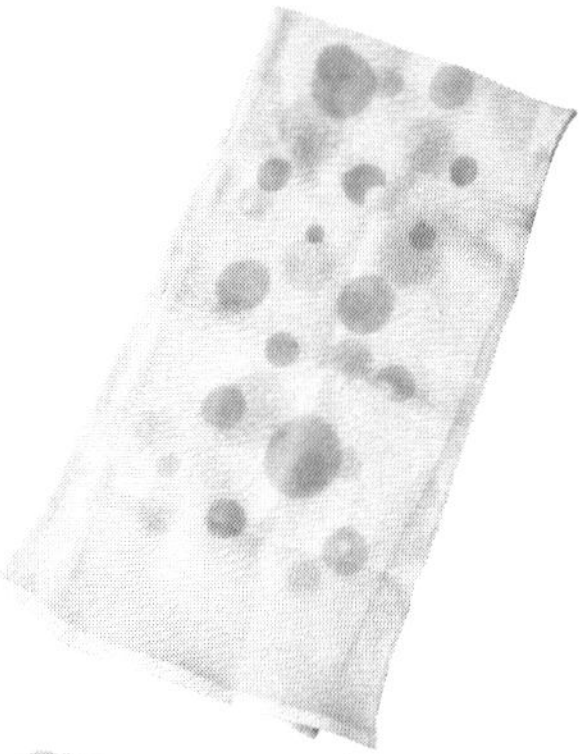

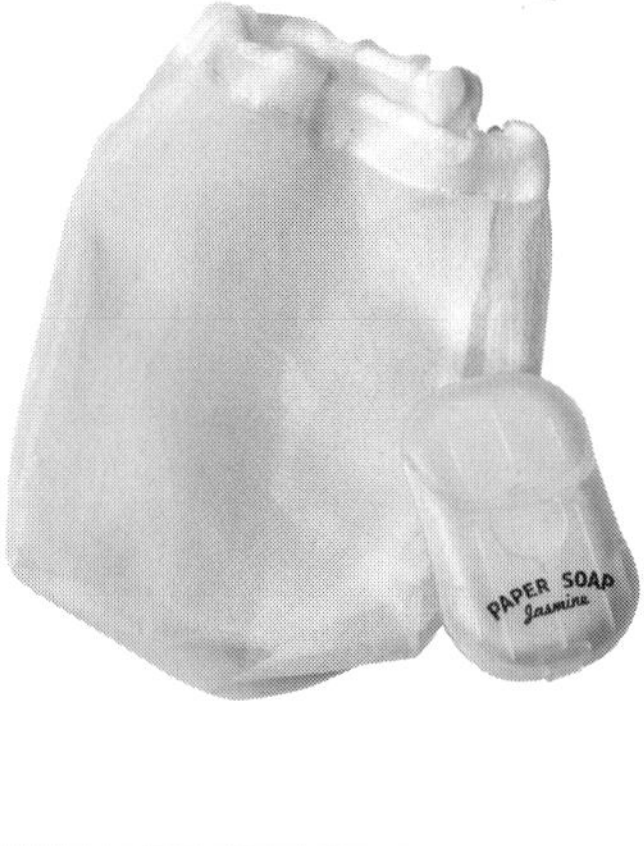

出張や旅行でもうひとつ、ないと困るのはお風呂用具です。たとえば体を洗うもの。家では普段、泡立ちのよいナイロンのボディタオルを使っている身としては、備えつけの薄いタオルやスポンジなどでは、なんとなく手応えがなくて洗えている気がしないのです。だから20×80㎝程度の子ども用のボディタオルを持参。サイズ的に充分ですし、生地も薄くてかさばりません。洗顔は、100円ショップの泡立てネット＋紙石けん。ネットでしっかり泡立てるとクリーム状になって、気持ちいい！特にていねいに洗いたい時は「よーじや」の洗顔用紙石けんを併用することも。旅の荷物に〝コンパクトさ〟と〝軽さ〟を追い求めるうち、どれもみんな、長年の必需品になりました。

筆者の愛用品　**外作業編**

市民農園での野菜作りを始めて30年以上。夏にはこれなしでは作業できません。一般的に農作業帽子と呼ばれるものです。前半分が麦わら帽、後ろに垂れている三角形の布は首元で結び、後ろの首回りを日差しから守ります。髪をお団子に結っていてもかぶれます。帽子店には売っていません。私はホームセンターで900円程度で買います。外仕事だけでなく、ちょっと綺麗《きれい》な色のものは自転車で近所に買い物に行く時も使います。後頭部に風が通って涼しい〜。

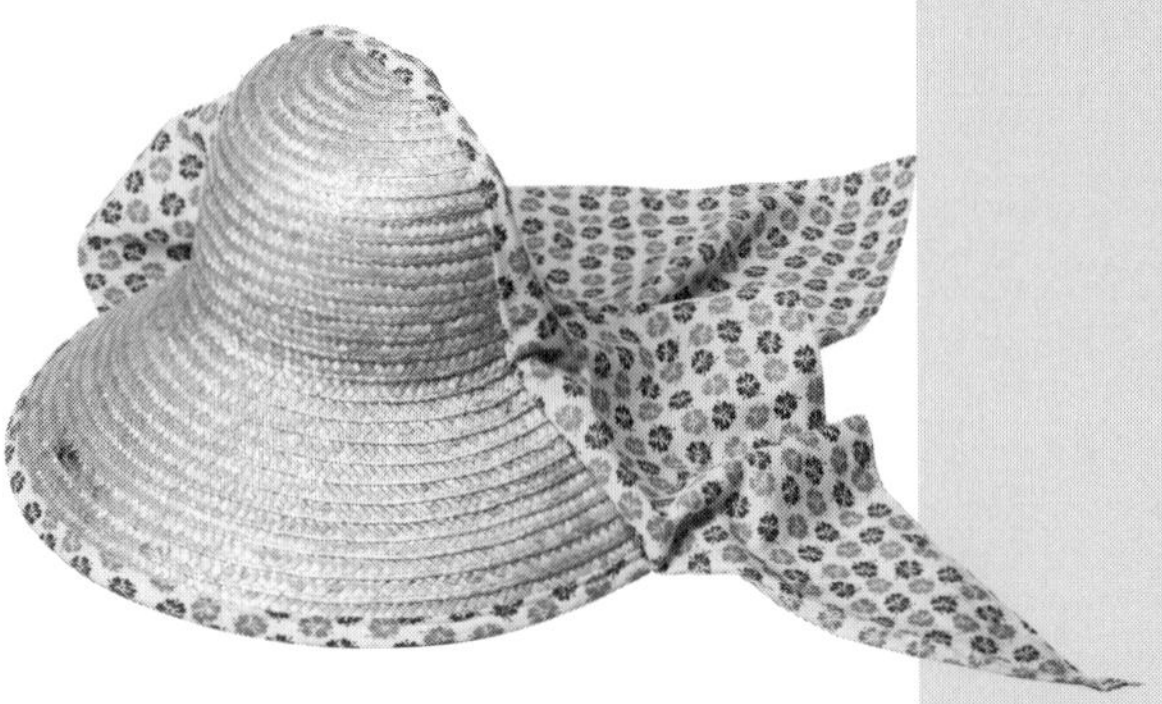

作業中のウエア

登山用トレッキングパンツです。アウトドア用品専門店で10年ほど前から買い、今は夏用・春秋用とも２本ずつそろえています。ブランドは「デサント」と「フェニックス」ですが、これはたまたま。シルエットやサイズ感が気に入ったものを選んだだけ。7000円〜9000円前後ですが、それ以上の価値を感じます。登山はしません。けれど、あらゆる外作業に大活躍するのです。どんな動きにも添ってくれるので、畑仕事はもちろん、木に登ったりして枝を剪定《せんてい》する時もラク。軽いし、通気性がよく、雨に濡《ぬ》れても洗ってもすぐに乾きます。海外に行く際も、飛行機の長旅にはこれをはきます。埃《ほこり》の多い場所や湿度の高い森などでも、これなら問題なし。実に頼もしいウエアです。

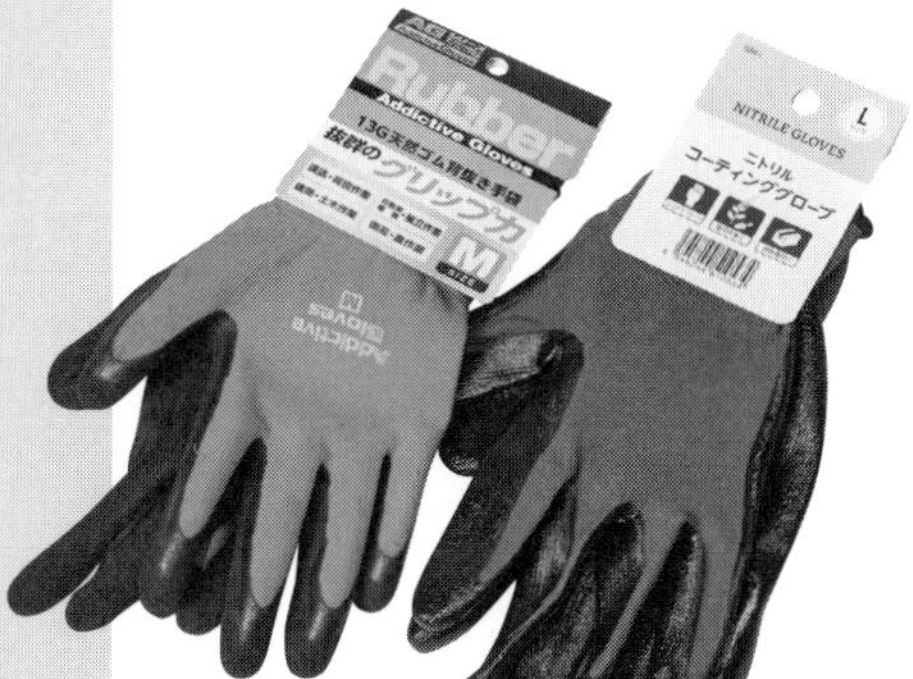

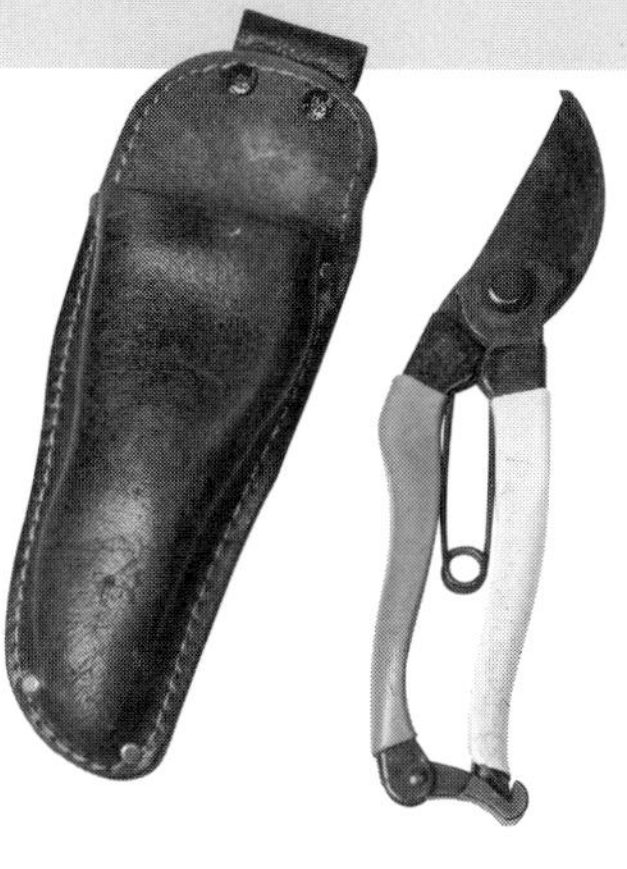

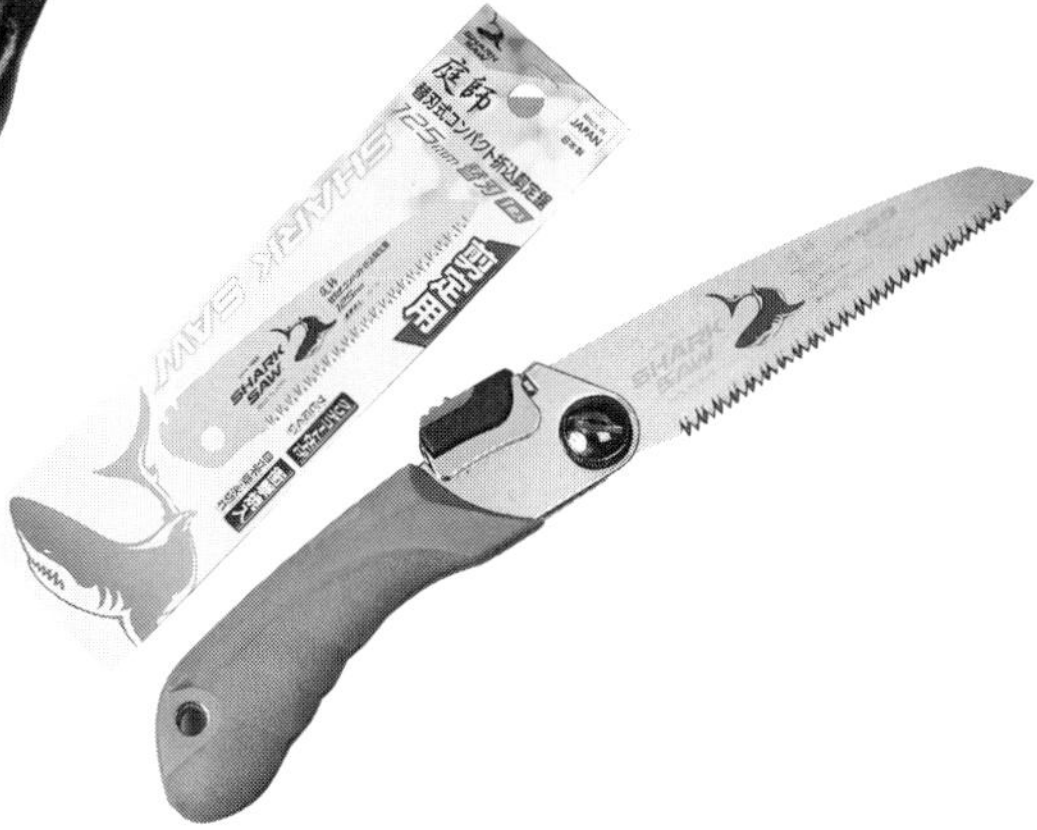

道具

作業7つ道具と言いたいところですが、愛用は3つです。樹木の剪定や荒れ地・荒れ庭の整備では、移植ゴテや剣先スコップ、鎌《かま》、電動工具などさまざま使いますが、常に離すことなく身につけているのが、この3種なのです。右上は「岡恒」の剪定バサミ。柄が赤と白のものです。ホームセンターでは3278円。もっと安い品も予備で買ってみたことはありますが、この品の切れ味や使いやすさにはかないません。下は「シャークソー」の「替刃式コンパクト折込剪定鋸《のこぎり》」987円。刃をたたんだ時の長さも20㎝ほどと手になじんで使いやすいサイズです。木用と竹用の替え刃580円も常備しています。そして手にぴったりフィットするグローブも大切。綿の軍手では繊細な感触が伝わらないし、泥や水分を含むとつらい。100円ショップにもありますが、プロ用の200円前後の品を選びます。

虫刺され薬

いつもバッグに入れている緑色の薬。昔、東南アジアをあちこち歩いていた頃に知りました。今は写真の買い置きの24mℓ瓶から小さな6mℓ瓶に詰め替えています。名称は「風油精」。虫刺され、頭痛、筋肉痛などの万能薬。眠気覚ましに鼻の下に塗る人の姿も多く見ました。蚊に刺された時、確実に効きます。かすかなバニラ香も好き。日本でも売っているか調べてみると、6mℓで550円とか1000円とか。現地の市場では50円もしなかった品なのですが…。

衣類やスニーカーなどの頑固な汚れを落とすにはこれです。昔からなんとなく存在は知っていたものの、スーパーなどでは目にすることがなく、9年ほど前にたまたま東京・沼袋を歩いていて、刑務所で作った品を展示販売する「キャピックショップなかの」で出会えました。そう。「ブルースティック」は受刑者が製造している洗剤。宣伝もしていないので1本130円と安価ながら、性能は確か。スティックの包みを少しずつはがしながら、汚れ部分に塗って使います。

洗剤

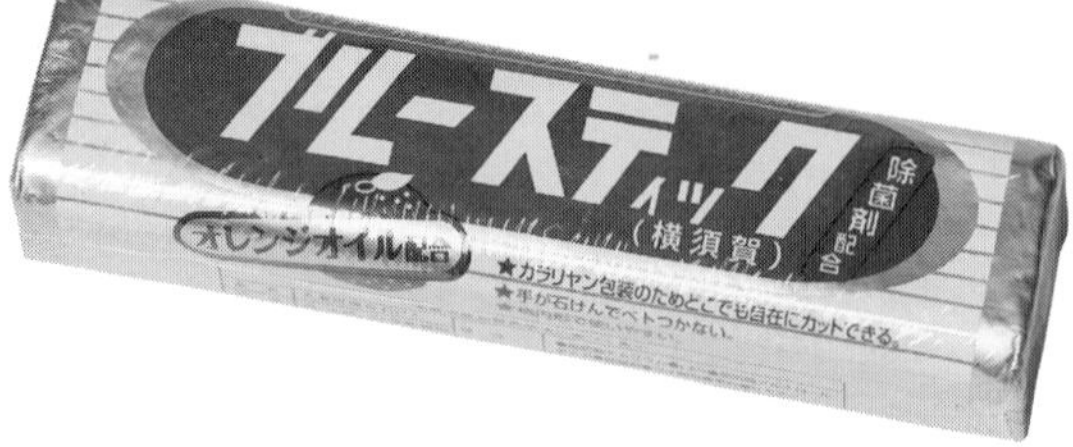

“切れ味”くくりでの２つです。まず調理バサミ。毎日べらぼうに使います。包装を開けるだけでなく、鍋に菜っ葉をチョキチョキ切り入れたり、肉をカットしたり。結婚式の引き出物でもらってから30年以上たちますが、切れ味は落ちません。「パール金属」の製品です。柑橘《かんきつ》を食べる時は「ムッキーちゃん」。友人にもらいました。皮を剥《む》く品は数々ありますが、秀逸なのは房の袋にシュッと一瞬で切れ目を入れる機能。437円。前歯で切れ目を入れる必要なし。甘夏もいよかんも、ストレスなく食べられます。

調理道具

腰痛予防

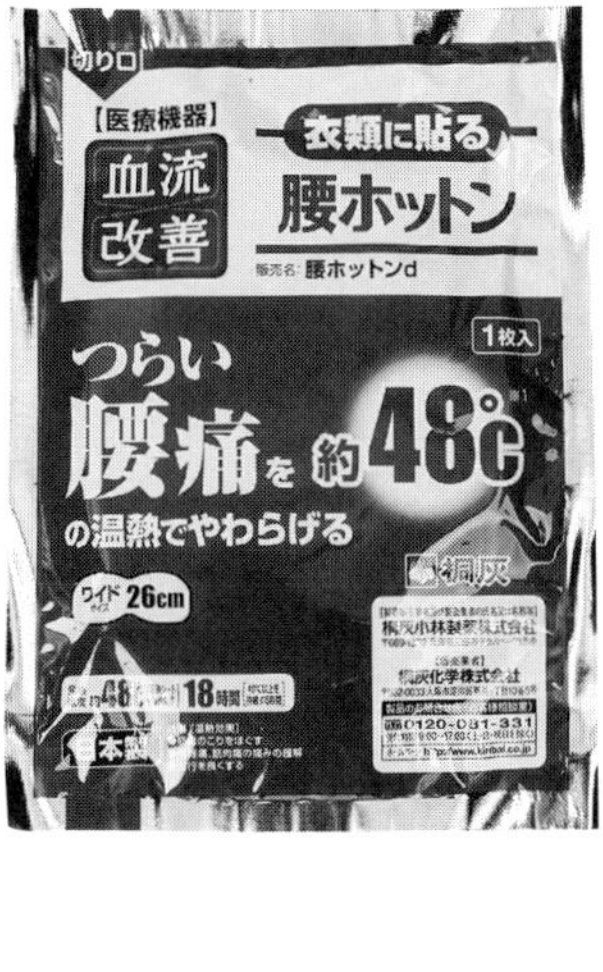

腰痛にはずっと悩まされてきました。腰痛友だちから勧められた「桐灰 腰ホットン」は、使い捨てカイロの一種ですが、腰痛改善に特化しています。10枚860円。幅26㎝の腰を広く覆う形状で、腰痛によい48℃を18時間継続。と書いてありますが、実感としてはもっと長い持続時間。朝、肌着に貼って、帰って着替えたら部屋着に貼り替え、次はベッドシーツの腰あたりに貼って。朝まで温かく、腰もずいぶんラクになる冬場の必需品。知人の腰痛話を聞くたびに渡しています。

ショップリスト

ご紹介した商品のメーカーまたは取扱店の一覧です。
2021年10月現在で販売している情報をもとにしています。
情報は変更される場合がありますので、ご了承くださいませ。

★一般的に広く流通している商品に関しては割愛しておりますので、
メーカー名または商品名で検索してみてください。

★自社サイトから直接販売していない商品に関しては、
記載のメーカー名と商品名で検索してください。
総合ショッピングサイト等で販売しています。

▶p.40-43　一田憲子さんの愛用品

A5ダブルリングノート（無印良品）　https://www.muji.net

「ひみつ付せん」（ミドリ）　https://www.midori-japan.co.jp

キッチンスポンジ（パックスナチュロン/太陽油脂）
https://shop.paxnaturon.com

キッチンスポンジ（マーナ）　https://marna.jp

▶p.44-47　寒川せつこさんの愛用品

モーラナイフ・ポータブル浄水器/ソーヤー・
ウールパワー・ハンモック/グランドトランク
（UPI ショッピングサイト）　https://store.upioutdoor.com/

シアトルスポーツ/ソフトクーラー（A&F）
https://aandf.co.jp/brands/seattle_sports

トング（カンダ）　https://www.kankuma.co.jp/

アルミのうどんすき鍋（谷口金属工業）
楽天市場 → 検索 「メーカーズショップ・リボン」→ 検索 「うどんすき鍋」

▶p.48-51　早川ユミさんの愛用品

刺しゅう糸（DMC）　https://www.dmc.com

まち針（クロバー）　https://clover.co.jp

ハサミ（TAjiKA/多鹿治夫鋏製作所）　https://takeji-hasami.com/entrance/

アルミピンチ・サワラの湯おけ（松野屋）　https://matsunoya.jp/

ヘイワ圧力鍋（鋳物屋）　http://imonoya.co.jp/

新型鋸鎌《のこぎりがま》（金星）　http://www.golden-star.co.jp/

麻ひもネット（第一ビニール）　https://www.daim-corp.jp/

長靴（日本野鳥の会）　https://www.birdshop.jp/

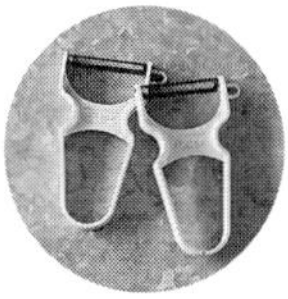

▶p.52-55　桜井莞子さんの愛用品

さらし/東天晒　アマゾンなどで購入可能

「長次郎」わさびおろし（ワールドヴィジョン社）　https://www.world-v.com/

「リッター」ピーラー（シェフランド）　http://www.gs-home.jp/

「ステンガンジー」缶切り（新考社）　http://www.ideal-shinkousha.co.jp/

おろしがね・すり鉢用スクレーパー（池商）　https://www.shop-ikesho.jp/

▶p.58-64　取材で見つけた暮らしの知恵

極 冷凍ごはん容器（マーナ）

ピーピースルーF（和協産業）　https://www.wakyo.co.jp/
※ホームセンターなどで購入可能

ステングロス（シーバイエス）　https://cxs.co.jp/　※アマゾンなどで購入可能

スウィープ（tidy）　http://www.tidy.tokyo

海をまもるバスブラシ（がんこ本舗）　http://www.gankohompo.com/

キッチンスクレーパー（レック）　https://www.lec-online.com/

ジフィーポット（サカタのタネ オンラインショップ）
https://sakata-netshop.com

「パックスオリー」ヘアソープ（パックスナチュロン/太陽油脂）

ショップリスト

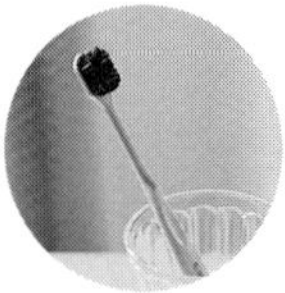

▶ p.98-101 ショコラさんの愛用品

キッチンディスペンサー(フランフラン) https://francfranc.com/

アルミミルクパン(パール金属) https://www.p-life.co.jp

馬毛の歯ブラシ(かなや刷子) https://www.kanaya-brush.com/

シルクペチコート(ルルル) https://lululu.co.jp/

箸方化粧品 https://www.hashikata.com/

▶ p.102-105 瀧本真奈美さんの愛用品

「エバメール」ゲルクリーム(銀座ステファニー化粧品)
https://www.evermere.co.jp/

デジタル クッキングスケール(タニタ) https://www.tanita.co.jp/

洗える食器棚クロス(東和産業) https://www.towasan.co.jp/

ベーシックカバー(ラソックス) https://www.rasoxshop.com/

ソフト湯おけ(ISETO) https://item.rakuten.co.jp/iseto-store/i-522/

「プラキラ」トライタン ペタルタンブラー(石川樹脂工業)
https://www.amazon.co.jp/s?k=plakira

▶p.106-109　小森知佳さんの愛用品

「サニーフィールズ」サイクルコート（東洋ケース）　https://www.toyo-case.co.jp

ウレタンフォーム三層スポンジ３個入り（無印良品）

生ごみスタンド（下村企販）
楽天市場→検索「elulushop」→検索「生ごみスタンド」

SELECT100 おろし器（貝印）　https://www.kai-group.com/store/

KIPROSTAR業務用アルミフライパン（安吉）　https://www.yasukichi.jp/

シリコンヘラ（下村工業）　アマゾンなどで購入可能

「iwaki」蓋付きプリンカップ（梅屋）　☎042-451-7551

コードリール（キシマ）
楽天市場→検索「Ampoule」→検索「コードリール」

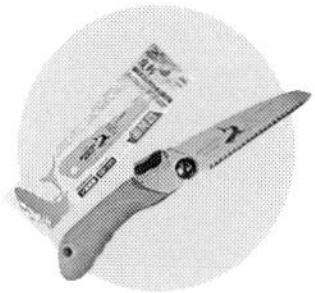

▶p.110-119　坂田敏子さん・筆者の愛用品

長さを調節できる細幅ベルト（無印良品）

剪定《せんてい》バサミ（岡恒）　ホームセンターなどで購入可能

替刃式コンパクト折込剪定鋸《のこぎり》（シャークソー/高儀）
アマゾン→検索「シャークソー」「折込鋸」

ブルースティック（キャピック直販サイト）
https://www.e-capic.com/

おわりに

お訪ねした方々みなさま、デザインはもちろん、ストーリーもある素敵な品々を日々に使いこなしておられるのです。

その中での〝決しておしゃれとは言えない〟、でも確実に役立つ、そんな道具選びの視点には、ハッとさせられることがしばしばでした。

「そういう理由があって選んでいたんだ！」

「こう使うためにはコレでなければ駄目なんだ！」

と、いちいち深く納得させられるお話ばかり。

自分ならそれをどう使いこなせるか一つひとつについて考え、ヨシ！ これは買おうと思ったものも多々です。

また、もうひとつ自分ごとに引きつけて考えさせられたのは、年齢を重ねれば選ぶ日用品も変わっていくということでした。

若い時のように活発機敏には動けない。

だから使いやすいこれを選ぶという視点、大切なことだと思います。

メーカーにもそこをより考慮した、私たちを助ける製品を
これからもいろいろ出して欲しいなぁ。
100円ショップも、多くの方が上手に活用されていました。
100円均一はもはや日本におけるインフラ。私も読書用メガネや
保存容器、アウトドア用品などをしじゅう買っています。
ただ、あの膨大な品数から何を選び、暮らしに生かすかは、
やはり芯の通った選択眼あってこそなのだと、
みなさまのお話から受け取りました。

ご紹介した中にはメーカー不明のものや廃番の品もあります。
それは昔にどこかで買って、その後の長い歳月に寄り添い
愛用してきたということ。もの選びのヒントになればと思います。

私自身の愛用品に関してはお恥ずかしい限りなのですが……。
これもまた、聞かれない限りは人に言うこともなく、
けれども毎日の生活に欠かすことのできないものです。
8人のみなさまのお話をうかがう中で、

そうだよね、かっこよくなんかなくても大切な道具って
いろいろあるよね、と今さらながら気づかされました。
きっと、あなたの生活の中にも
そんな道具がいくつもあるのではないでしょうか。
私たちは、リアルな暮らしに生きているのだから、
本当に使いやすくて便利な道具の頼もしさを讃《たた》えたい。
そのためには目利きである方々の声はとても参考になります。
そして、もの選びのバックグラウンドとして
一人ひとりが選択してきた生き方にも大いに刺激を受けました。

生活の中で本当に必要な道具とは？
そんなことを改めて振り返る一助になればと願っております。
私もなんとなく使いながら不便を感じている品のことなども、
自身の生活スタイルを鑑《かんが》みて、ちゃんと考え直さなければ！

最後に、ここまでお読みくださったみなさま、そして、
多くの道具を教えてくださった方々に深く感謝いたします。

秋川ゆか

フリーライター。建築、インテリア、ものづくり、食、地域の歴史・文化、アート、ライフスタイルなどのジャンルで、『コンフォルト』（建築資料研究社）、『自遊人』（自遊人）、『私のカントリー』（主婦と生活社）ほか多数の雑誌で取材執筆している。また、現在『時空旅人』（三栄）でバルカン半島の国セルビアに関するエッセイを連載。湯治場巡りや昔ながらの保存食作りが大好き。著書に『アジアいいもの図鑑』（トラベルジャーナル）など。

STAFF

取材・文　秋川ゆか
撮　影　林 ひろし
畦地 浩　飯貝拓司
デザイン　小林 宙（カラーズ）
校　閲　別府悦子
進　行　福島啓子
編　集　藤井瑞穂

おしゃれな人が手放せない、おしゃれじゃないもの

編集人　八木優子
発行人　倉次辰男

編　者　株式会社主婦と生活社
発行所　株式会社主婦と生活社
〒104-8357　東京都中央区京橋 3 - 5 - 7
編集部　03-3563-5455
販売部　03-3563-5121
生産部　03-3563-5125
https://www.shufu.co.jp/

製版所　東京カラーフォト・プロセス株式会社
印刷所　凸版印刷株式会社
製本所　下津製本株式会社

ISBN978-4-391-15650-8